污水治理与环境保护

张艳梅　著

云南出版集团公司
云南科技出版社
·昆明·

图书在版编目（CIP）数据

污水治理与环境保护 / 张艳梅著. -- 昆明：云南
科技出版社, 2017.12 （2024.10重印）

ISBN 978-7-5587-1221-0

Ⅰ. ①污… Ⅱ. ①张… Ⅲ. ①污水处理 Ⅳ.
①X703

中国版本图书馆 CIP 数据核字(2017)第 324167 号

污水治理与环境保护

张艳梅　著

责任编辑：王建明　蒋朋美
责任校对：张舒园
责任印制：蒋丽芬
封面设计：张明亮

书　　号：978-7-5587-1221-0
印　　刷：长春市墨尊文化传媒有限公司
开　　本：787mm×1092mm　　1 / 16
印　　张：15.5
字　　数：230千字
版　　次：2020年8月第1版　2024年10月第2次印刷
定　　价：75.00元

出版发行：云南出版集团公司云南科技出版社
地址：昆明市环城西路609号
网址：http://www.ynkjph.com/
电话：0871-64190889

前　言

　　环境问题是当今人类面临的最重大的问题之一。自从有人类社会以来，人们为了追求更加美好的生活，加速利用自然、改造自然，特别是进入 20 世纪以来，伴随着全球经济的高速增长，人与自然的矛盾更加激化，生态破坏和环境污染已经成为严重的区域性和全球性环境问题，制约着可持续发展。因此探索环境问题的成因、规律、危害，手术解决环境问题的途径，保护我们赖以生存的生态环境，是一项紧迫而又艰巨的任务，也是我们义不容辞的责任。

　　在构成现代社会错综复杂的社会经济、技术和生态系统的进程中，都可以看出资源、环境、人口和发展之间的相互依存，相互影响的关系。人口和经济的迅速增长，加剧了资源的使用，特别是导致了环境的破坏，近一步降低了资源的生产率。自然生态的破坏、土地的损失和不当的工业化，不仅减少了资源基地，而且造成农业环境的退化，污染环境和浪费大量的资源，出现了当代一个严重的环境问题。因此，能不能正确认识和处理资源、环境、人口和发展之间相互关系，做好环境保护工作，不仅关系到当前的一代人，而且是关系到子孙后代能否正常生活的一个与人类前途休戚相关的战略问题。水质污染降低或丧失了水体使用功能，从另一方面使有限的可利用的水资源总量减少，因而进一步加剧了水资源的短缺局面。

　　随着人口增加、城市化进程加快以及工业的迅猛发展，污染带来的水资源短缺问题日益突出，是人类社会面临的重大环境问题之一。

　　环境治理在环境科学中占有特别重要地位。环境治理，一是指研究如何防急于未然，通过技术改造，提高资源能源的利用率，把污染控制和三废消除在生产过程之中，即采用无公害和少公害的生产技术，力求使污染源得到根治。一是指研究除患于既成之后，如何应用现代科学技术成果，通过综合利用，使排放的三废资源化。对于一些通过技术改造和综合利用一时还不能解决而又必须排放的污染物，则选择技术先进、经济合理、效果显著的治理措施，对已形成的环境污染进行治理。

在写作过程中，一些同行专家、学者的有关著作、论文，扩展了我的视野，提高了我的专业认识与水平，并吸取了他们的一些研究成果，在此谨致诚挚的谢意。限于作者水平，书中难免有许多不妥之处，恳请同行专家、学者和广大读者惠予批评指正。

目 录

第一章 水体污染及其危害

第一节 概述

一、水体污染

水体污染，简称水污染，是指污染物进入河流、海洋、湖泊或地下水等水体后，使水体的水质和水体沉积物的物理、化学性质或生物群落组成发生变化，从而降低或丧失了水体的使用价值和使用功能的现象。

水体污染是相对的概念。水体中含有环境污染物并不意味着一定受到了污染，天然水体中本身含有各类环境污染物，只有在环境污染物的含量达到或超过水体使用功能对应的环境标准条件下，水体的使用功能或价值降低时，我们才称水体受到了污染。不同的时期，不同的水域有不同的使用功能和价值，因此，水体污染是相对特定时间和空间的概念。本节后面我们将介绍水质标准和环境容量两个基本概念，有助于理解什么是水体污染。

二、主要水污染物

（一）无毒无机物质

无毒无机物质主要指排入水体中的酸、碱及一般的无机盐类，如碳酸盐、氢化物、硫酸盐、钾、钠、钙、镁、铁、镁等，酸性或碱性污水造成的水体污染通常伴随着无机盐的污染。酸性和碱性废水的污染，破坏了水体的自然缓冲作用，抑制着细菌及微生物的生长，妨碍着水体自净，腐蚀着管道、水工建筑物和船舶。同时，还因其改变了水体 pH 值，增加了水中的一般无机盐类和水的硬度等。

（二）有毒无机物质

主要指重金属（如汞、铜、铬、钢）和砷、锶、氟化物等，这类物质具有强烈的生物毒性，它们排入天然水体，常会影响水中生物，并可通过食物链危害人体健康。这类污染物都具有明显的累积性，可使污染影响持久和扩大。不同的无机有毒污染物有程度不同的毒性。

（三）无毒有机物质

无毒有机物质主要指耗氧有机物，天然水中的有机物质一般是水中生物生命活动产物，人类排放的生活污水和大部分工业废水中都含有大量有机物质，其中主要是耗氧有机物如碳水化合物、蛋白质、脂肪等。这些物质的共同特点是：没有毒性，进入水体后，在微生物的作用下，最终分解为简单的无机物质，并在生物氧化分解过程中消耗水中的溶解氧。因此，这些物质过多地进入水体，会造成水体中溶解氧严重不足甚至耗尽，从而恶化水质，并对水中生物的生存产生影响和危害。

碳水化合物、蛋白质、脂肪和酚、醇等有机物质可在微生物作用下进行分解，分解过程中需要消耗氧，因此被统称为需氧有机污染物或耗氧有机污染物。

耗氧有机物种类繁多，组成复杂，在中国，反映水体有机耗氧污染物污染水平的主要指标为：溶解氧（DO）、化学需氧量（COD）、生物需氧量（BOD）以及总有机碳（TOC）。

（四）有毒有机物质

有毒有机污染物质的种类很多，且这类物质的污染影响、作用也不同，包括酚类化合物、酯类、有机氯农药、有机磷农药、有机汞农药、聚氯联苯（PCB）、多环芳烃类等。

（五）放射性物质

放射性污染物，如 ^{238} 铀、^{90} 锶、^{137} 铯、^{60} 钴等，通过水体可影响生物，灌溉农作物亦可受到污染，最后可由食物链进入人体。放射性污染物放出的 α、β、γ 等射线可损害人体组织，并可蓄积在人体内造成长期危害，促成贫血、白血球增生、恶性肿瘤等各种放射性病症。

（六）生物污染物质

主要来自生活污水、医院污水和屠宰肉类加工、制革等工业废水。主要通过动物和人排泄的粪便中含有的细菌、病毒及寄生虫类等污染水体，引起各种疾病传播。

三、水污染物来源

水污染物来源，简称水污染源，包括外源和内源两种，外源是来自水体以外的水污染源的统称，内源主要指来自水体内的底泥污染物释放、生物残体等。外源又可以划分为点源和非点源，点源指工业污染源和生活污染源等固定发生源，非点源是相对于点源而言，除工业废水、生活污水等具有固定排放口的污染源以外，其他的各类污染源均统称为非点源。非点源的定义因国家、地区，时期而异，但内涵基本是一致的。晴天累积，雨天排放，没有固定发生源是非点源的最基本特征。

生活污染源是指由人类消费活动产生的污水，城市和人口密集的居住区是主要的生活污染源，人们生活中产生的污水，包括由厨房、浴室、厕所等场所排出的污水和污物。工业污染源指工业生产过程中排出的废水、污水、废液等，统称工业废水。工业污染源如按工业的行业来分，则有冶金工业废水、电镀废水、造纸废水、无机化工废水、有机合成化工废水、炼焦煤气废水、金属酸洗废水、石油炼制废水、石油化工废水、化学肥料废水、制药废水、制炸药废水、纺织印染废水、染料废水、制革废水、农药废水、制糖废水、食品加工废水、电站废水等。各类废水都有其独特的特点。

四、环境质量标准

为保护人群身体的健康和生存环境，对污染物（或有害因素）容许含量（或要求）所作的规定，环境质量标准体现国家的环境保护政策和要求，反映了人群和生态系统对环境质量的综合要求，也反映了社会为控制污染危害在技术上实现的可能性和在经济上可承担的能力。环境质量标准是衡量环境是否受到污染的尺度，是环境规划、环境管理和制订污染物排放标准的依据。由于各种标准制订的目的、使用范围和要求不同，所以同一污染物在不同标准中规定的标准值是不同的。环境质量标准的建立和确定是以基准为依据，另外还要考虑自然条件和国家的技术经济条件，即标准受社会因素的制约。不同国家和地区、同一国家和地区的不同发展阶段，环境质量标准可能是不同的。

水环境质量标准是环境质量标准的重要组成部分，我国的水环境质量标准包括地表水环境质量标准、地下水环境质量标准、生活饮用水标准、渔业用水标准和农田灌溉用水标准等。针对不同的使用功能要求，水环境质量标准可以分级，以国家地表水环境质量标准为例，它分为五类，从 I 类到 V 类，水质要求逐级放宽，水质由好变差。

五、水环境容量

水环境容量是指：一定水体在规定环境目标下所能容纳的污染物的量。水环境容量的大小与水体特征、水质目标及污染物特性有关。还与污染物的排放方式及排放的时空分布有着密切的关系。排放进入水体的污染物量超过特定水体水环境容量时，水体温会受到污染。水环境容量也是衡量水体污染的重要指标之一。

与水容量相关的水体特征参数包括水体的几何参数、水文参数、地球化学背景参数、水体的自净能力、生物降解能力等。

不同的水质目标允许水体中污染物的含量不同，因此水环境容量也就不同。

不同污染物的自净能力和生物降解能力不同，因此水环境容量也不同。自净能力和降解能力大的污染物的水环境容量大于自净能力和降解能力弱的污染物。

六、水体自净能力

对于水环境来说，水体自净的定义有广义和狭义两种，广义的定义指受污染的水体经物理、化学与生物作用，使污染物的浓度降低，并恢复到污染前的水平；狭义的定义是指水体中的微生物氧化分解有机污染物而使水体得以净化的过程。影响水体自净过程的因素很多，其中主要因素为：受纳水体的地理、水文条件、微生物的种类与数量、水温、复氧能力（风力、风向、水体紊动状况）以及水体和污染物的组成、污染物的浓度等。废水或污染物进入水体后，即开始自净过程。该过程由弱到强，直到趋于恒定，使水质逐渐恢复到正常水平。

第二节 主要水污染类型及其危害

一、富营养化

近几十年来，湖泊富营养化越来越明显。湖泊支持着人们生活和生产的各种用水功能，在人类活动集中区域内的湖泊，富营养化已普遍成为用水功能障碍，对水资源造成很大破坏，其主要表现为：

1.城市湖泊功能下降

中国城市湖泊多为浅水湖泊，大型水生植物群落几乎均已灭绝，并受纳随高度都市化而大量增加的城市生活污水，从而迅速发展了藻类富营养化，这些湖泊多已处于富或重富营养状态，其饮用水功能不得不被放弃或取消，游憩观赏功能亦已被极大损害（透明度 0.1～0.5m，水色黑或黄绿，味腥臭），渔业用水功能则或因屡有死鱼而受到实际损害，或因与风景游览功能不相协调而被迫人为弱化，其中某些湖泊严重缺氧，不仅受富营养化影响，还叠加排放污水中有机物直接耗氧的影响。

2.恶化湖体感官性状，降低湖泊美学价值

在富营养化水体中，生长着以蓝藻、绿藻为优势种的大量水藻，这些藻类浮在湖水表面，形成一层绿色"浮渣"，既影响湖泊的美学价值，也影响人们的水上活动。中国某些远城郊或非城市湖泊具有极强的风景游览功能，由于旅游业和城市化的发展，而使营养物质大量排放，导致湖泊富营养化，使湖泊感官质量明显下降。

3.引起供水障碍

在富营养化水体中，有的藻类释放一些毒素，有的藻类散发出难闻的气体，使水体质量下降，另外，作为工业或生活用水，富营养化的水体有大量藻类存在，要达到用水要求必须经过处理，而处理的难度也加大了，由于这些原因，富营养化常常引起供水障碍。中国某些作为城市供水水源的水库、湖泊，曾经发生过因藻类富营养化发展引起的供水障碍。如抚顺大伙房水库曾因藻类大量生长而堵塞水厂滤池；安徽巢湖则因藻泥腐烂，水厂出水味臭而不能饮用。"三湖（太湖、滇池、巢湖）"水的利用在工农业、水产养殖、旅游等方面都有其重要意义，并且是饮用水的重要水源地。太湖是江苏省重要城市无锡等市的重要水源地，滇池的外海是云南省省会昆明市的主要饮用水源地，巢湖是安徽省合肥市和巢湖市的主要供水源，但现在"三湖"受到严重污染，浮游植物异常繁殖，水质恶化，富营养化现象十分严重。太湖已经到了全湖富营养化的程度，自来水厂取水困难，水质腥臭，部分工厂停产减产，水产养殖能力下降。滇池也已到了异常富营养化的程度，其草海鱼虾绝迹，水质恶臭，水葫芦疯长，覆盖全湖面积的 80％，外海水藻严重，自来水厂停产。

4.藻类毒素危害

湖泊发生富营养化，某些藻类异常增殖，它们可能分泌毒素而危及人、畜饮水安全。蓝绿藻是许多富营养化水体中的优势种。在通常情况下，藻类的存在随季节性变化而发生更替，典型的变化规律是，在春季时以硅藻生长占优势，夏季以绿藻生长占优势，秋季则以蓝绿藻生长占优势。蓝绿藻本身有毒性，澳大利亚、美国、南非、以色列都报道过毒性蓝绿藻的存在，欧洲有 26 个国家发生过蓝藻对鱼、鸟和哺乳动物的毒性事件。有些藻类对人体也有毒害作用，人在含有毒性蓝绿藻的富营养化湖泊中游泳后，会产生皮肤发炎、眼睛疼痛、胃肠不调、呕吐等症状。

5.对水生生态、渔业的影响

在正常情况，湖泊水体中各种生物都处于相对平衡状态，但当水体污染而发生富营养化后，这种平衡就会被破坏，某些生物种类明显减少，某些生物种类则明显增加。在湖泊富营养化较轻时，鱼类产量一般不会下降，有时还会上升，但这时鱼类的种群结构会发生变化，一些低质量的鱼大量繁殖，经济价值高的鱼则减少甚至消失。当湖泊富营养化严重时，鱼类产量会下降，一部分鱼类会消失。

二、汞污染与水俣病

1953 年年底，在日本面临水俣湾的渔村中，发生了一种以特异性神经障碍为主的奇怪疾病。最初发生这种奇怪疾病的是一名小女孩，她手足拘挛，怪声喊叫而死。当时根本就搞不清这是怎样一回事，在她的死亡诊断证明书上写的死亡原因是"小儿麻痹"。这种病的发病非常缓慢，没有前期症状，也没有发热，有时在喝酒后突然发作。患者一开始四肢终端有痛麻感觉，接着不能紧握东西，甚至不能解开纽扣，走路不能跑，而且容易摔跤，说话也变得娇声娇气的。此外，患者还出现视物不清、耳朵发背、吞饮困难等现象。到 1956 年 5 月，因发生了许多类似上述症状的怪病，而且这些怪病都发生在一定的区域，人们开始怀疑这是一种污染病，对患者进行隔离、消毒等工作，同时开始了追查病因的工作。经过医务工作者和专家多方面的共同努力，人们终于发现，这种病的凶手是工厂污水中排放的甲基汞，甲基汞污染了鱼、贝，人们大量食用被污染的鱼、贝后导致甲基汞中毒。水俣村的病例得到了广泛的关注，这种病被命名为"水俣病"。

甲基汞具有脂溶性、原形蓄积和高神经中毒三个特征，甲基汞进入胃内与胃酸作用，产生氯化甲基汞，经肠道吸收进入血液，经血液输送到各器官，这种物质亦能通过血脑屏障，进入脑细胞，还能透过胎盘，进入胎儿脑中。脑细胞富含类脂质，而脂溶性甲基汞对类脂质具有很高的亲和力，所以很容易蓄积在脑细胞内。甲基汞主要侵害成年人大脑皮层的运动区、感觉区和视觉听觉区，也会侵害小脑。对胎儿的侵害是遍及全脑。成人甲基汞中毒可出现四肢末端感觉麻木、刺痛和感觉障碍，运动失调，中心性视野缩小或疑有运动失调，有明显的中心性眼、耳、鼻症状或兼有平衡功能障碍。胎儿性水俣病比较严重，可出现原始反射、斜视、吞咽困难、动作失常、语言困难、阵发性抽搐和发笑症状。患儿随着年龄的增长，可出现明显的智能低下、发育不良和四肢变形等症状。

水俣病是环境污染造成的最严重的公害病之一。汞和甲基汞一旦进入水体，通过食物链的逐级富集危害人体。甲基汞分子结构中的 C-Hg 健结合得很牢固，不易破坏，在细胞中是原形蓄积，以整个分子损害脑细胞，而且随着时间的延长损害日益加重。因此，在水俣病的病程中，损害的表现具有进行性和不可恢复性。

三、镉污染与疼痛病

疼痛病是发生在日本富山县神通川流域部分镉污染地区的一种公害病，以周身剧痛为主要症状而得名。疼痛病发病的主因是当地居民长期饮用受镉污染的河水，并食用此水灌溉的含镉稻米，致使镉在体内蓄积而造成肾损害，进而导致骨软化症。妊娠、哺乳、内分泌失调、营养缺乏（尤其是缺钙）和衰老是本病的诱因，此外，还可能存在地区性的发病原因。发病年龄一般为30～70岁，平均47～54岁。患者多为多子女的妇女，在当地居住数十年，一直饮用神通川水，食用含镉米。本病潜伏期一般为2～8年，长者可达10～30年。初期，腰、背、膝关节疼痛，随后遍及全身。疼痛性质为刺痛，活动时加剧，休息时缓解。髋关节活动障碍，步态摇摆。数年后，骨骼变形，身长缩短，骨脆易折，患者疼痛难忍，卧床不起，呼吸受限，最后往往在衰弱疼痛中死亡。

疼痛病至今尚无特效疗法，对于体内蓄积的镉，目前尚无安全的排镉方法。消除镉污染是防治疼痛病的根本措施。

在中国福建省清流县高坂村，过去20多年时间里，全村只生女婴，不见一个男婴降世。据有关部门鉴定，原先的井水受了镉污染，水中镉的含量特别高。

四、有毒有机物污染

人们的生活离不开水，如果有机污染物进入水中污染饮用水源，会导致饮用水质不断恶化。饮用水质的好坏与人体健康有着直接关系，很多肿瘤、癌症的发生与饮用水的有机污染有很大关系。世界卫生组织和国际癌症病机构通过大量的数据和材料证实，现时发现癌症的 50%是由饮食不当造成的，而其中相当重要的是饮水质量低下。进入水体中种类繁多的有机物绝大部分对人体有急性或慢性、直接或间接的致毒作用，有的还能积累在组织内部，改变细胞的 DNA 结构，对人体组织产生致癌变、致畸变和突变的作用。为充分体现水中有机污染物对人体健康的危害程度，近年来，国内外对水中"三致"物的研究正在不断进展。Ames 试验为测定水的致突变活性的有效方法，阳性结果表示受试物质具有致突变活性，Ames 致突变物与致癌物有 60％～80％的相关性。上海自来水公司的调查发现，Ames 致突变性每增加 1％，则消化道癌症病死亡率每百万人将增加 3％。安徽宿县地区的沿河两岸群众，因长期饮用被污染的水，癌症死亡率逐年增加。

第二松花江长期以来受到工业废水和城市污水的严重污染，特别是有机物的污染尤其严重。据长春应用化学研究所、东北师范大学对有机污染物的探查研究，发现在第二松花江中可以探查出 364 种有机污染物，其中有 26 种可以诱发动物或人类的癌症。吉林医学院多年来监测，也发现哈达湾江段江水 PAH 超过自然本底值的 226.7 倍，九站超过 28.2 倍。在上述两个江段中二己基亚硝胺在江水中的含量分别为 0.45μg／L 和 0.33μg／L。哈尔滨医科大学应用多元回归分析方法对哈尔滨市居民癌症死亡率进行研究，认为该市癌症死亡率的增高与江水污染有密切关系；对松花江有机提取物的致突变实验结果亦表明有致突变作用；在对哈尔滨市各种环境因素对沿江居民恶性肿瘤预测后，认为沿江居民的恶性肿瘤死亡率与江水污染有关。

五、有机耗氧污染物污染

生活污水和很多工业废水，如食品工业、石油化工工业、制革工业、焦化工业等废水中都含有这类有机物。大量需氧有机物进入水体，会引起微生物繁殖和溶解氧的消耗。当水体中溶解氧降低至 4mg／L 以下时，鱼类和水生生物将不能在水中生存。水中的溶解氧耗尽后，有机物将由于厌氧微生物的作用而发酵，生成大量硫化氢、氨、硫醇等带恶臭的气体，使水质变黑发臭，造成水环境严重恶化。

第二章 我国水污染状况及发展趋势

第一节 水污染源及其发展趋势

一、废水排放总量及发展趋势

根据 1989～1998 年 10 年的调查统计，我国年排放废水总量在 350 亿～380 亿 t，排放量总体呈上升起势，最近几年保持在 370 亿～380 亿 t。随着工业产业结构调整、生产技术水平、治理和管理力度加大，工业废水的排放量呈现逐年下降趋势，废水排放量已经由 20 世纪 80 年代末和 90 年代初的 250 亿 t 下降到目前的约 180 亿 t，下降了近 30%，而随着城市化进程的加快，城镇人口数量急剧增加以及城镇居民生活水平的明显提高，生活污水的排放量呈显著的上升趋势，污水排放量由 80 年代末和 90 年代初的 100 亿 t 上升到目前的约 200 亿 t，上升了近 50%，生活污水的排放量超过了工业废水的排放量。

二、工业污染源

工业污染源是我国水体的重要污染源，它的涉及面非常广泛，包括七个工业部门、近 50 个生产行业，排放的主要污染物除有机污染物外，还有大量的有毒有害污染物，如重金属、砷、氰化物等，对我国水环境、人体健康都造成了严重的影响。

1996 年，我国工业废水排放量为 205.9 亿 t，处理量为 238.7 亿 t，达标排放量为 121.7 亿 t。外排工业废水中含化学需氧量 704 万 t，重金属 1541t，砷1132t，氰化物 2457t，挥发酚 5710t，石油类 60947t，悬浮物 780 万 t，硫化物

3.2 万 t。重金属、砷、氰化物、挥发酚、石油类以及硫化物的排放量占我国排放废水中同类污染物的绝大部分，废水排放量和有机污染物也占有相当高的比重。我国工业污染源的废水排放量和主要污染物的排放量呈现逐年下降趋势，从废水排放量和有机污染物的排放量两方面看，工业污染源已经落后于生活污染源，成为第二位的水污染源，随着技术发展和管理、治理工作的深入开展，工业废水排放对水环境的影响将逐渐下降。在我国，应当特别提到乡镇企业的污染问题。90 年代以来，乡镇工业持续快速发展，其产值占全国工业总产值的比率由 1989 年的 23.8％上升到 1995 年的 42.5％，最近几年发展趋势仍较迅猛，已经超过了国有企业，在我国经济发展占有越来越重要的地位，乡镇工业发展的同时，也排放大量废水和污染物进入水体。由于乡镇企业一般规模小，生产技术落后，单位产值排放的污染物和废水量都高于国有大型企业，对我国水污染的贡献非常大。1996 年，乡镇工业废水中化学需耗氧量的排放量为 670 万 t，占当年全国工业废水中化学耗氧量的排放量的46.5％。

乡镇企业的快速发展在今后几年里将对中国的水质产生巨大的影响，乡镇企业的发展虽然可以追溯到 50 年代末，但是改革开放以后才繁荣兴旺。乡镇企业的经济成功为亿万农民减少了贫困，但是它们也使中国农村的环境遭受严重的损害。中国政府虽然颁布了大量的法律和政策控制和管理工业排放，但是仍然没有有效地管理乡镇企业。截至 1995 年，全中国有 700 多万个乡镇企业，总产值达 5.126 万亿人民币（相当于 6710 亿美元），占国内工业生产总值（GDP）的 56％，远远高于国营企业所做出的贡献。乡镇企业的数量预计还要继续增长。一个保守的估计认为中国全部工业废水的一半以上是乡镇企业排放的，数量在 100 亿 t 以上。大多数乡镇企业没有废水或有害废物的处理设施，再加上乡镇企业广泛分散在广大的农村地区，它们排放的废物对广大人民群众的健康有着潜在的危害。

三、生活污染源

生活污水中含有大量的环境污染物，包括有机需氧污染物（化学耗氧量

COD、生物需氧量 BOD）、悬浮物、氮污染物、磷污染物、油类、阴离子洗涤剂、致病菌等，对水体的有机污染、富营养化等都有重要作用。

20 世纪 90 年代以来，我国城市化进程明显加快，城市数量和城镇人口数量逐年增加，城市数量增加了 300 余个，城镇人口增加了将近 1 亿，同时城镇居民生活水平明显提高，因此生活污水的排放量呈现明显的上升趋势，生活污水的排放量 10 年来增加了 1 倍。由于城市发展过程中基础设施建设严重滞后，生活污水处理率较低，目前我国许多城市没有污水处理厂，近几年申请立项的污水处理工程数量巨大，但大部分投入运行还需要 3～5 年，因此近期内我国生活污水处理率低的状况不会明显改善。生活污水排放量增加，污染物的排放量也大幅度上升，初步估算，生活污染源排放的化学需氧量约 600 万～800 万 t，排放氮污染物约 50 万 t，排放磷污染物约 10 万 t，生活污染源已经超过工业污染源成为我国水体的第一位污染源。城市地表水体（湖泊、河流）主要污染物来自生活污染源，如杭州西湖、长春南湖、昆明滇池、南京玄武湖等，生活污染源排放的有机污染物、氮磷污染物负荷占入湖污染物负荷总量的 80％左右；一些大型湖泊，如太湖、滇池、巢湖等，周围地区人口稠密，生活污染源也是主要污染源，有机污染物、氮磷污染物负荷占入湖污染物负荷总量的 50％左右。

四、农业非点源

国内外多年来的研究成果表明，农业开发活动引起的非点源是水体的主要污染源之一。在美国，河流污染物来源的 70％以上来自农业非点源，在我国城郊湖泊和远离城市湖泊的泥沙 80％、氮磷污染物 50％左右来自农业非点源。农业非点源主要污染物为泥沙、氮污染物、磷污染物、有机耗氧污染物、有毒有机物（如农药类）等。

农业非点源污染与土地利用、化肥农药的使用密切相关。我国是农业大国，人口众多，农业开发活动强烈，化肥的使用量大，并且呈上升趋势。化肥施用量，利用率低，流失量大，估算全国年流失的化肥量约 600 万 t，大量氮磷污染物排放进入水体，对我国湖泊和近岸海域的富营养化有重要贡献，农业非点源污染及其防治是我国面临的新的环境保护课题之一。

氮、磷是湖泊富营养化的主要限制因子，同时氮、磷又是非点源主要污染物，滇池多年来研究结果表明：非点源入湖 TN 负荷为 1469t／a，占滇池入湖负荷总量的 31％，其中外海入湖 TN 的 41％来自非点源，非点源入湖 TP 负荷为 204t／a，占滇池入湖负荷总量的 45％，而外海入湖 TP 的 59％来自非点源；95％以上的泥沙来自非点源，此外非点源还带来有机污染物以及农药等有毒有机物，非点源是滇池重要的污染源。

农业活动以及农村生活活动产生的非点源是湖泊非点源中最重要组成部分，是影响湖泊非点源负荷的决定因子。滇池流域资料表明，农田化肥使用量普通相当高，一般在 1800～2000kg／hm^2·a,有些地区竟高达 4000kg／hm^2·a（产蔬菜地），化肥的利用率一般仅在 30～40％左右，氮肥最高在 50％左右，最低在 20％～30％，磷肥利用率最高在 40％左右，最低仅 15％～20％，大量的化肥流失，造成了严重的农业非点源污染，在滇池流域进行的调查研究表明，村落、蔬菜地以及旱地的非点源污染相当严重。村落非点源以及蔬菜地的地表径流中氮、磷污染物的浓度接近于城市生活污水中氮、磷污染物的浓度，平均达到 30mg／L，2.5mg／L，氮流失量为：蔬菜地 6.35t／km^2·a，村落 2.47t／km^2·a，旱地 1.20t／km^2·a，水田 0.94t／km^2·a；磷流失量为：村落 0.37t／km^2·a，蔬菜地 0.212t／km^2·a，旱地 0.189t／km^2·a，水田 0.11t／km^2·a。造成非点源污染的原因包括不合理的施肥方式、耕作方式；不合理的肥料施用量和肥料结构；农田的过度利用产生的水土流失；村落生活污水、固体废物地表累积转化为非点源等。

第二节 我国河流污染及发展趋势

一、主要河流水污染状况

（一）长江流域

长江干流穿行 11 省市，支流联络另外 8 省，湿润了中国 1／5 的土地。长江流域出产全国 50％的粮食，40％的棉花和油料，60％以上的淡水鱼和 70％的商品粮；沿江是一条产业密集带和工业经济走廊，全国 40％工业产值在这里完成；从上到下串起成都、重庆、武汉、长沙、合肥、南京、上海等大都市，带动了流域内 98 个大中城市和 1900 多个建制镇，再连结周围广大的乡村，整整养育了 4 亿中华儿女。

长江上有 30 多万艘船，每年倾倒的各种垃圾难以计数，仅船上生活废水、机舱废水等排放量就达到每年 36 亿 m³。沿江主要城市有 21 座，直接排污口 394 个，形成了一条条的污染带，累积超过 500km。目前直排长江干流的污水达到每年 63 亿 m³，居全国江河之首。

1999 年监测结果表明，长江干流水质良好。31 个水质监测断面主要污染指标均达到 I～III 类水质，主要一级支流汉江达 I～II 类水质；惠嘉陵江达 II～III 类水质，湘江、资江、沅江和澧水 4 条河流达 II～IV 类水质。三峡库区 7 个水质监测断面中，5 个断面为 II 类水质，2 个断面为 III 类水质。

但是，汉江武汉段，近年来多次发生富营养化，严重地影响了供水功能。河流发生富营养化实属少见，反映了汉江水质污染已非常严重，应引起充分重视。

（二）黄河流域

黄河断流的同时，黄河水质也在急剧恶化。黄河面临着水资源短缺和水体污染的双重压力。1994 年到达 III 类标准的河段仅占 31.3％，主要位于上游河段，而Ⅳ类、Ⅴ类甚至超过五类水质的河段长有 4507km。1999 年黄河累计断流 42 天，比上年减少 95 天。114 个水质监测断面中，Ⅰ～Ⅲ类水质断面比例为 18.4%，Ⅴ类和劣Ⅴ类水质断面比例为 63.1%。主要污染指标为高锰酸盐指数、生物需氧量、氨氯、石油类等。主要支流汾河、渭河、伊洛河、小清河污染严重。

（三）珠江流域

珠江是中国南方的一条大河，由西、北、东江至珠江三角洲，流经云南、贵州、广西、广东和湖南、江西六省（自治区），流域面积 45.4 万 km²，占全国国土面积的 4.7%，水资源总量却占全国总量 12%。珠江流域地处中国南方湿润区，有丰富的水资源，但水质污染带来了缺水问题。当工业废水和生活污水"原汁原味"的排进江河时，珠江三角洲的河叉变成了排污沟。深圳河、歧江河、江门河、汾江河以及珠江广州段，出现了发黑、发臭甚至鱼虾绝迹的现象。

（四）松花江流域

松辽流域水资源保护局在 1998 年对流域内近 100 条河流的水质进行了评价，发现东北水资源质量差，污染大，且污染日益严重。报告显示，在全流域 17808km 长的河流中，仅有 160km 为Ⅰ类水质，还不到 1%；水质为Ⅱ类的河长为 2984km，占 16.8%；水质为Ⅲ类的河长为 3967km，占 22.3%；37.2% 的河长为Ⅳ类水质，长度达 6624km；水质为Ⅴ类的河长达 4074km，占 22.9%。东北平均污染河长超过 10000km，超过总河长的 3/5，1/5 的河长水质达到Ⅴ类，属严重污染，已经失去水的使用价值。从污染广度看，东北已没有一条干净的河流了。在其 11 个主要水系中，除鸭绿江、第二松花江和嫩江污染河段稍短外，其他 8 个水系的污染都相当严重，汛期污染河长均在 60% 到 100% 之间。

（五）淮河流域

淮河流域位居中国的北方缺水地区，在 1990～1992 年对流域内 18 个城市调查表明：被调查的 18 个城市均不同程度的缺水，其中 10 个城市为资源性缺水，另外 8 个则为污染性缺水，污染性缺水占被调查城市的 44%。

（六）海河流域

海河流域是中国水资源严重危机地区之一，水污染也相当严重，平原河道基本枯萎，邻近城市的河道成为污水沟，被喻为"无河不干，有水则污"。

（七）辽河流域

辽河流域是中国重要的工业基地。由于辽河水量小，特别是枯水季节几乎断流，其水污染程度堪称全国之最。在枯水季节，流经城市的河段均超过地面水 V 类标准，枯水期辽河中下游诸河污净水量之比有时达到 1：0，完全是污水河，已经丧失了基本使用功能。浑河因油污染严重，竟至发生河面起火的惊人现象。

（八）浙闽片河流

1999 年监测结果表明，浙闽片河流总体水质良好。水质达到或优于地表水环境质量 III 类标准的河段占 71.0%，其中，I 类水质为 6.0%，II 类水质为 24.0%，IV 类水质为 41.0%。在 29.0% 的污染河段中，IV 类水质为 16.0%，V 类水质为 9.0%，劣 V 类水质为 4.0%。主要污染指标为氨氮。金华江和衢江污染相对较重。

（九）内陆河流

1999 年监测结果表明，内陆片河流污染较轻，93.0% 的评价河段水质达到或优于地表水环境质量 III 类标准，其中，I 类水质的河段占 17.0%，II 类水质 42.0%，III 类水质 34.0%；7.0% 的污染河段中，IV 类水质的河段占 5.0%，V 类水质 2.0%，主要污染指标为氨氮、挥发酚等。

（十）城市河段

1999 年监测结果表明，流经城市的河段普遍受到污染。141 个国控城市河段中，36.2% 的城市河段为 I～III 类水质，63.8% 的城市河段为 IV 至劣 V

类水质。其中，47 个环保重点城市（直辖市及省会城市、经济特区、沿海开放城市和重点旅游城市）的典型水域中，19.2％的水域为Ⅱ类水质，14.9％为Ⅲ类水质，25.5％为Ⅳ类水质，10.6％为Ⅴ类水质，29.8％为劣Ⅴ类水质。华东地区和长江、黄河沿岸城市地表水因地表径流较大而水质较好，海河、辽河等沿岸城市的地表水水质较差。各城市典型水域仍以氨氮和有机污染为主，主要污染指标为氨氮、高锰酸盐指数和生物需氧量等。

二、河流水污染发展趋势

（一）淮河流域

淮河流域水污染问题长期以来都比较突出，枯水期干流水质污染严重，中下游地区人口密集，支流污染相当严重，污染事故频繁发生，是我国水污染治理的重要流域之一，也是我国第一个实施大流域综合治理的试点流域，治理力度大，成效比较明显。

通过加强管理和治理，淮河干流水质总体上呈改善趋势。1999 年调查，淮河干流水质基本以Ⅲ类为主，支流以Ⅳ类到Ⅴ类为主，省界河流以Ⅳ类到劣Ⅴ类为主，流域内达标断面比例为 43.8％。主要污染物为非离子氨和高锰酸盐指数等。流域治理虽取得了成效，但与规划目标还有相当距离，今后的治理任务仍然非常重。

（二）海河流域

海河流域近年来水污染状况没有明显好转，水质比较稳定。1999 年调查，海河流域符合Ⅰ～Ⅲ类水质要求的断面比例为 41.5％，Ⅳ类水比例为 8.8％，Ⅴ类及劣Ⅴ类水比例为 49.7％。主要污染指标为高锰酸盐指数、非离子氨等。随着海河流域水污染防治规划的实施，流域水质恶化状况将逐步得到改善。

（三）辽河流域

辽河干流水质近年来呈缓慢改善趋势。1999 年度辽河流域共 52 个断面，劣Ⅴ类占 69.3％，其中干流 15 个断面中劣Ⅴ类占 86.7％。主要污染指标为化学需氧量、高锰酸盐指数、石油类和氨氮。

（四）长江流域

长江干流水质良好。1999 年统计 31 个断面，主要指标均达到 II ～ III 类水质标准，并且水质呈现改善趋势。但是干流岸边污染严重，干流域市江段的岸边污染带总长度约 500km。

（五）黄河流域

1999 年度统计 114 个重点断面，I ～ III 类水质断面比例为 18.4%，IV 类水比例为 18.4%，V、劣 V 类水比例分别为 7.0% 和 56.1%，主要污染指标为高锰酸盐指数、生物需氧量、氨氮、石油类等，重金属指标基本符合 I ～ III 类水质要求。

黄河流域水质污染日趋严重，黄河水量减少，污染排放量增加，在托克托到龙门区段的 1100 余家企业直接排污入黄河，污水量占干流日径流量的 5%。

（六）松花江流域

1999 年度统计 28 个重点断面，干流水质以 IV 类为主，达到 III 类水质的断面占 25%，IV 类断面水质占 75%，同江断面挥发酚超 III 类标准 10 倍。

松花江流域近年来水污染状况没有明显好转，水质比较稳定。

（七）珠江流域

1999 年度珠江流域共统计 42 个断面，干流 III、IV 类水质断面各占 50%，西江 87% 的断面水质达 II 类，北江各断面均为 II ～ III 类水质，东江 90% 的断面水质达 II 类，干流广州段污染相对较量。

第三节　我国湖泊污染及发展趋势

一、湖泊退缩与水量剧减

据不完全统计，解放初期，中国大于或等于 1km² 的湖泊约 2848 个，面积为 80645km²。到 20 世纪 70 年代后期，湖泊面积为 70988km²，湖泊已减少到 2305 个。经过近 30 年的变化，湖泊减少 543 个，面积缩小 9657km²，占湖泊现有面积的 13.6％。贮水量由原来的 7584.2 亿 m³ 减至现在的 7088 亿 m³，占现有湖水贮水量的 7.0％左右。其中，淡水贮水量由 3590 亿 m³ 减至 2261 亿 m³，实减 330 亿 m³，占现有湖泊淡水贮水量的 15.0％。

二、湖泊氮磷污染与富营养化

（一）我国湖泊富营养化灾害的主要特点

1.范围大

我国湖泊富营养化发生范围之广，世界罕见，从高原湖泊（如云南滇池）到平原湖泊（如巢湖），从大型湖泊（加太湖）到小型湖泊（如南京玄武湖），从干旱地区（如新疆蘑菇湖水库）到东部沿海地区（如广西南宁南湖），从湖泊到水库，从湖泊到河流（汉江），都存在富营养化问题，可以认为富营养化问题覆盖了中国大部分地区。

2.富营养化进程快

近十余年来，中国湖泊水体的富营养化进程十分迅速，如 1984 年全国重点调查的 34 个湖泊中，富营养化的占 26.5％，1988 年达到 61.5％，而在 1996 年 36 个国控湖泊（水库）中，总体处于富营养化的高达 85％。从 1978～1987 年短短 10 年间，富营养状态湖泊所占评价面积比例从 5.0％剧增到 55.01％，就某一单个湖泊而言，富营养化进程也是迅速的，这主要是由于湖泊中营养盐积累速率较大引起的。滇池在 70 年代末还是碧波荡漾，湖水清澈见底，鱼虾畅游，80年代初期部分水域还可以游泳，而进入90年代，富营养化进程明显加快，水质急剧恶化，鱼虾绝迹，湖水黑臭（草海），发生了严重的富营养化，部分水域处于异常富营养化状态，环境功能完全丧失。

3.富营养化程度异常严重，危害巨大

滇池部分水域富营养化每年持续时间长达10个月，巢湖、太湖部分水域也长期处于富营养化状态，云南洱海1996年爆发了大面积富营养化，持续时间长达1个月。滇池富营养化给地方经济发展带来了严重影响，用于滇池治理的投资已经高达40亿元，而富营养化状况还没有根本好转。太湖一次富营养化造成直接经济损失超过1亿元。1990年夏天，太湖蓝藻爆发，北部沿岸水域竟形成半米厚的藻类聚集层，迫使无锡市水厂和116家工厂停产，造成直接经济顿失1.3亿元。1994年夏季藻类再度大爆发，无锡梅园水厂、马山水厂取水口长期被大片蓝藻包围，水质腥臭，严重威胁供水。1995年，梁溪河大量污水入湖，溶解氧接近0，水质超过五类，梅梁湖北部湖水整个发臭，梅园水厂在酷暑停产3天，造成严重影响。水污染造成太湖地区饮水困难，鱼虾绝迹，粮食减产，疾病流行。洱海富营养化爆发导致水厂停水，引起社会恐慌。我国富营养化灾害之严重是世界罕见的，因此，富营养化灾害仍属于中国最紧迫的重大环境问题。富营养化灾害的危害不仅仅是带来水功能障碍，影响养殖和景观旅游，更重要的是人们发现富营养化藻类产生藻毒素及其衍生物，对人体健康和人类生存、繁衍存在着严重影响。

（二）湖泊富营养化状况

近十余年来，中国湖泊水体的富营养化进程十分迅速，其特点是城市和城郊湖泊，富营养化普遍而严重，有向异常营养发展趋势，大型湖泊营养状态不断上升，具备了富营养化发生的营养盐条件，有的大湖已达富营养化阶段，在中型湖泊中，地处边远和人烟稀少的湖泊，目前尚属中营养的居多，地处经济发达地区的中型湖泊，几乎均已达到或接近富营养化状态。

三、湖泊有机污染

湖泊有机污染，尤其是在城市湖泊、城郊湖泊以及经济发达地区的湖泊中表现得尤为突出。

湖泊有机物质主要来源于生活污水、生产废水、湖面养殖投饵、降水降尘以及地表径流等。生活污水主要来源于人们日常用水，即厨房、淋浴、衣物洗涤和排泄物冲洗等。生活污水中有机物含量很高，一般约占污染物含量的 60% 左右，这些有机物主要包括纤维素、油脂、洗涤剂和蛋白质及其分解物。目前中国多数城镇尚无污水处理厂，地处城镇附近的湖泊承纳了大量未经处理的生活污水。对湖泊产生有机污染的工业废水主要来自化工、皮革、造纸、纤维、制药和食品行业。据调查，中国大多数湖泊和水库均不同程度地接纳了未经处理的工业废水，对湖泊水体造成了危害。

目前，我国主要的城市湖泊都受到了有机污染，部分城郊湖泊有机污染问题也比较突出，有机污染与富营养化是孪生姊妹，几乎是发生富营养化的湖泊都存在有机污染，有机污染严重的湖泊，几乎都处于富营养化状态，因此有机污染也是我国湖泊的主要环境问题之一。

四、湖水的盐碱化

干旱地区湖泊水质盐碱化是中国湖泊环境的又一重大问题，据不完全统计，蒙新地区 30 余个主要湖泊，除哈纳斯湖以外，均已处于咸水湖和盐湖阶段。值得一提的是新疆博斯腾湖，在 20 世纪 50 年代湖水矿化度尚处于 0.5mg／L 以下，到 80 年代中期，矿化度已升至 1.8mg／L 左右，目前保持在 1.4～1.5mg／L；乌伦古湖由于入湖水量不断减少，湖面日益缩小，湖水矿化度不断上升；布伦托海的上升趋势也十分迅速。

五、重金属污染

从总体来看，重金属污染尚属少数湖泊或某一湖泊的局部性污染。湖北大冶湖的铜污染比较严重，湖水含铜浓度的年平均值为 0.03mg／L；鄱阳湖的锌浓度很高，全湖中的锌超标率达 90％，锌的最大检出值为 3.32mg／L；云南滇池草海的砷和铜的浓度也比较高，污染比较突出。

六、有毒有机物污染

我国目前开展工作比较多的是湖泊中酚、石油类及部分常用农药在水质、底质以及在水生生物体内残留的调查研究工作。从已有的资料来看，酚、石油及农药在中国许多湖泊水环境中均有不同程度的检出。洱海挥发性酚出现少量样品超标；洞庭湖六六六达到 0.0012mg／L，东洞庭湖 0.0009mg／L，南、西洞庭湖为 0.0012mg／L，DDT 全湖均值为 0.00005mg／L，看来洞庭湖的农药污染应当引起注意；鄱阳湖水体中，有机磷农药未检出，六六六全湖检出率为 26.3％，涉及范围为 0～0.08mg／L，最大值出现在 4 月份，可达 0.22mg／L，超过渔业用水标准 4.4 倍；白洋淀六六六浓度达到 0.12～0.59mg／L，平均 0.30mg／L，酚浓度为 0～0.016mg／L，油类全湖平均浓度达 0.035mg／L。南京大学许欧泳先生于 1986～1989 年间，在开展苏南水厂水源有机毒物筛选时发现，在太湖中出现 49 种有机毒物，包括烷基取代苯类、苯酚类、卤代和硝基取代苯类、卤代烷基醚类、多环芳烃类及其他一些类型的化合物，其中邻苯二甲酸酯类、卤代脂肪烃和正构烷烃浓度偏高，而五里湖由于受工业废水影响较严重，各种微量有机物浓度比较高。从许欧泳对苏南四市所有饮用水源中和饮用水中检出的 154 种微量有机物，用已有的饮用水或地面水标准来看，已经发现有 49 种化合物一次超标。实际上在太湖水中存在上述大量的微量有机毒物，即使不超标，它们的协同作用亦会使人们无法承受。可见，湖泊水中微量有机毒物的问题应当引起充分注意。

第四节　地下水污染

一、污染概况

随着地表水资源减少和水质的恶化，我国加紧开采地下水以满足水需求。其结果是，过度开采地下水成为严重的问题，一方面是地下水枯竭，另一方面是地下水水质不断恶化。在全国 118 个城市中，64％的城市地下水受到污染，33％的城市地下水轻度污染，仅 3％的城市地下水基本清洁。从地区来看，北方地区比南方更为严重。20 世纪 70 年代末在调查的 44 个城市中，地下水污染的有 41 个，其中 1 / 4 以上比较严重。沈阳市 1980 年调查了 288 眼井，受污染的有 214 眼。李石一带的井水中，强致癌物苯并芘含量超过国际饮用水标准 1～8 倍。辽阳市 95％以上的水井，水质污染超过饮用水标准。郑州市 60m 以上地下水全部遭到污染。北京市多年来地下水硬度持续增高，平均值超过饮用水水质 7.6 度，硝酸盐氮超标情况也较为严重。根据最近一项调查，中国 27 个大城市中只有 6 个饮用水符合国家标准，其中的 23 个城市地下水不符合国家标准。这个问题在中国农村更为明显。在某些农村地区饮用水中的大肠杆菌超过最高标准达 85％，在城镇和小城市，超标率大约是 28％。当前，大约 7 亿中国人饮用大肠杆菌不符合国家标准的水。另一次对 47 个主要城市地下水资源的调查表明，已有 43 个城市的地下水受到了不同程度的污染；在 18 个以地下水为主要水源的北方城市中，有 17 个城市的地下水受到了污染，其中有 9 个城市是严重污染。许多地方的地下井水受有机物污染，井水有毒物含量大量超标。海河流域 2015 个监测井仅有 628 个合格。中国北方地下水污染问题非常严重，其中尤以海河流域为最甚，总共 272 亿 m^3 地下水资源，172 亿 m^3 已受到污染。1999 年由于降水量偏少，北京、山东、河南、内蒙古、安徽、广东和广西七个省（市、自治区）主要城市地下水水位以下降为主；吉林省、上海市、浙江省和四川省地下水水位以上升为主，陕西、甘肃、江苏和西藏主要城市地下水水位有升有降。全国多数城市地下水受到一定程度的点状和面状污染，局部地区的部分指标超标，主要污染指标有矿化度、总硬度、硝酸盐、亚硝酸盐、氨氮、铁和锰、氯化物、硫化物等。

二、沿海地区的海（咸）水入侵

地下淡水的过量开采，地下水位下降会引起海水倒灌，造成地下水的含盐量增高，甚至失去使用价值。例如，在美国圣达戈市，就因过量开采地下水，造成地面沉降和海水入侵相继发生，地下水资源已被破坏到无法利用的程度，使这个无农业、工业很少的城市90％以上供水由外地调入。

海（咸）水入侵是中国最突出的由人为因素引发的区域性地下水污染问题，主要发生地在渤海沿岸，其中最严重的是胶东的莱州湾地区。据有关研究报告，截至1994年，莱州湾地区现代海水入侵面积已达733.4km²，其中莱州市占274.5km²。位于黄海沿岸的青岛市，也出现海（咸）水入侵，引起城市供水水源地的污染。海（咸）水入侵造成大批机井报废、耕地丧失灌溉能力、工业产品质量下降，更严重的是造成人、畜饮水困难。进入20世纪80年代以来，中国北方沿海地区出现连续多年的干旱，降雨量偏低，地下水补给量减少，但是工农业需用水量却不断增加，地下淡水"入不敷出"，海水入侵便是意料之中的事。造成咸水入侵的原因与海水入侵问题是同样的。

中国在辽宁省的大连、锦州、锦西、营口、河北省秦皇岛、山东省烟台、威海、青岛等沿海地区都发生不同程度的海水入侵。海水入侵区共70块，总面积达1433.6km²。大连、烟台两市海水入侵最为严重，入侵面积分别为433.8km²和495.2km²，海水入侵内陆的距离一般为5～8km，最远达11.5km。沿海平原地区由于过量开发地下水，也造成了地下咸水层向淡水层扩散，河北的河间、沧县沧州以及山东广饶、昌邑、寿光、平度等县市相继发生咸水入侵。1992年地下咸水分布面积比1975年扩大了592.8km²。

三、硝酸盐污染

中国饮用水卫生标准规定硝酸盐不应超过20mg～N／L，世界卫生组织、美国等规定不应超过 10mg～N／L。中国一些地区地下水硝酸盐含量比较高，兰州、银川、呼和浩特等北方城市地下水硝酸盐监测平均值高于 20mg～N／L 或接近 10mg～N／L，有些城市地下水水源地位于农业耕作区，硝酸盐含量也较高。如青岛市主要供水水源大沽河水源地（地下水），在 1983 年以前未大量开采时硝酸盐为 3.64mg～N／L，1983 年为 16.19mg～N／L，1992 年增至 89.13mg～N／L。

地下水硝酸盐污染的来源主要有两种类型。一是地表污废水排放，通过河道渗漏污染地下水；城市化粪池、污水管道的泄漏，以及垃圾堆的雨水淋溶等也是引起地下水硝酸盐污染的重要原因。二是农业非点源污染，随着点源污染的治理和控制，农业非点源污染将会变得更加突出。近年来发达国家广泛开展地下水非点源硝酸盐污染研究，说明了这样一种趋势。

农业耕作区地下水硝酸盐的含量与氮肥施用量和施用方式、土壤特性、降雨量和灌溉用水量、作物种类等有关。国外资料表明，当施肥量 200kg～N／hm² •a 时，入渗水强度 100mm 条件下，进入地下水的硝酸盐淋洗量为 25～30kg～N／hm² •a；而当入渗水强度为 300mm 时，硝酸盐淋洗量为 80～90kg～N／hm² •；淋洗液中硝酸盐浓度为 25～30mg～N／L，这一统计数字说明，在施用氮肥时，有相当于氮肥施用量 12.5%～45% 的氮从土壤中流失并污染了地下水。各地区条件不同，土壤中氮的流失量也会有所不同。由于肥料使用量大，以及不合理施肥、过量施肥等，造成大量的氮、磷营养性污染物的流失，对地下水和地表水都产生了污染。硝酸盐污染是世界范围的，硝酸盐是饮用水中层常见的化学污染物之一。在美国，硝酸盐污染是全国最普遍的地下水污染问题，在一项全国调查中，美国农业地区 22% 的水井硝酸盐含量水平超过联邦标准；在欧洲，硝酸盐也是主要污染物，硝酸盐污染与化肥和肥料的使用有密切关系。硝酸盐对人体健康有严重的影响，尤其对婴儿。此外，氮磷营养性污染物的流失会促进水体藻类的生长，引起水体富营养化，有毒藻类的大量繁殖对生态系统、人体健康都有影响。农业集约化意味着化肥和肥料使用量大量增加，因此对人体健康和水环境的影响也会增加。

四、石油和石油化工产品的污染

随着石油的大规模勘探、开采，石油化工的发展及其产品的广泛应用，石油和石油化工产品对地下水的污染已成为不可忽视的问题。中国有一个大型石油化工企业坐落在地下水岩溶裂隙富水区，由于管线泄漏、排污沟渠渗漏等原因，使周围的地下水源地受到严重污染，影响到生活用水的供应。石油和石油化工产品，经常以非水相液体的形式污染土壤、含水层和地下水。当非水相液体的密度大于水的密度时，污染物将沿垂向穿过地表土壤及含水层到达隔水底板，即潜没在地下水中，并沿隔水底板横向扩展；当污染物密度小于水的密度时，污染的垂向运移在地下水面受阻，而沿地下水面（主要在非饱和带）在横向扩散。非水相液体可被孔隙介质长期束缚，其可溶成分还会逐渐扩散至地下水中，从而成为一种持久性污染源。

第三章 水资源危机带来的生存与发展问题

第一节 严重制约社会经济发展

一、造成巨大的经济损失

水资源危机的代价首先是经济上的。环境问题正在严重地影响着国家的整体社会经济发展。《中国环境报》报道：最近几年，与生态破坏和环境污染有关的经济代价已高达国民生产总值（GNP）的 14%。前不久，世界银行估计：空气和水污染使中国损失大约 8% 的 GNP，约为 5000 亿元。每年城市缺水造成工业产值的损失达 1200 亿元。每年水污染对人体健康的损害价值至少 400 亿元，环境因素已经被列为影响今天中国人民发病率和死亡率的四大主要因素之一。

根据《国家环境保护"九五"计划和 2010 年远景目标》提出的污染治理计划，"九五"期间需要的污染治理投资约 4500 亿元，预计占同期 GNP 的 1.3%。中国制定了《中国跨世纪绿色工程规划》并开始启动"三三二一一"重点污染治理工程（太湖、巢湖和滇池为三湖，淮河、海河和辽河为三河，SO_2 控制区和酸雨控制区为二区，北京市为一市，黄渤海为一海），仅实施这一重点治理工程，需要的投资将超过 1000 亿元。污染治理给国家和地方财政带来了沉重的经济负担，势必影响经济建设和发展。

水污染将增加城市生活用水和工业用水的处理费用，由于水量巨大，处理费用往往也很大。根据太湖地区一些城市的资料，由于水污染，每千吨供水就要增加处理费用 20～40 元，最多的甚至达到 56.8 元，如果不增加处理，就会造成工业产品质量下降，由此造成的损失也是巨大的，在太湖地区，通常是搬迁取水口,这导致每年都要花很多额外的钱。

二、对农业发展的影响

据联合国研究指出,由于大部分水需求的增长发生在发展中国家,因为那里的人口增长和工农业发展都是最快的,大部分这样的国家处在非洲和亚洲的干旱及半干旱地区,他们将大部分可利用的水资源用于农业灌溉,而没有多余的水资源,也没有财力将其发展方向从密集的灌溉农业转向其他产业,创造更多的就业机会并获得收入以进口粮食来满足日益增长人口的需要。

农业是经济发展的基础,目前世界 60 亿人口要依靠农业来满足最基本的生存需要,而农业灌溉每年消耗水量约为世界用水量的 70%。水资源危机使大面积缺水地区的农业灌溉得不到保证,耕地退化并经常受到旱灾的威胁,从而制约了地区的农业发展。

另外,随着工业、城市取水量的剧增,造成大量农业用水被工业和城市用水侵占,使农业用水更加得不到保证,也对地区农业起到了阻碍作用。

三、对工业发展的影响

水资源不足同样制约着工业的发展,在世界各地随着工业的发展,工业用水量直线上升,特别是发展中国家,目前生产力水平较低,工业不够发达,工业耗水相当严重。而这些国家都在致力于加速工业化步伐,今后工业需水量仍会继续增长,但许多地区有限的水资源已难以满足人类工业用水无休止增长的需要,并对地区工业发展产生制约。使许多将开发的项目得不到实施,许多工厂减产或停产,如中国沧州有丰富的石油、天然气资源,因水资源不足,无法进行开发利用。据初步统计,全国因水资源不足而造成工业减产的每年约 400 亿~500 亿元。

水污染同样影响着工业的发展,供水水质不合格导致工厂不能生产出合格产品,工厂不得不花费巨额投资净化供水水质;污染治理投资巨大,加上治污设施高额运转费支出,企业不堪重负,影响了生产;污染事故频繁发生,影响供水，也影响了工业生产。

四、对城镇供水和居民生活的影响

中国的水短缺和水污染给城市供水和居民生活带来了严重影响，表现为：城镇居民生活用水得不到保证，影响了正常生活；影响供水系统，造成供水障碍，被迫开发新的水源地，或引起水厂停产和取水口搬迁等。

由于缺水和水质恶化，我国实施了大量的调水工程，包括引滦入津工程、引黄入津工程以及计划中的南水北调工程等；由于严重污染，昆明市第一自来水厂被迫关闭，第五自来水厂取水口被迫移到距离湖岸 2km 的滇池外海中部，通过对松花坝水库改造，增加供水能力，削减滇池供水量，取滇池水的水厂正常生产受到严重影响，鉴于滇池水的污染状况难以短期内根本改变，昆明市不得不开发新的饮用水源，计划实施包括滇池流域内上游水库调水和跨流域调水工程；我国的多数城市，包括北京、天津、上海等，都面临着同样的问题，缺水或水质污染使城市供水受到严重影响。

第二节 严重危及人类健康

一、水传染疾病

进入水体中种类繁多的污染物绝大部分对人体有急性或慢性、直接或间接的致毒作用，有的还能积累在组织内部，改变细胞的 DNA 结构，对人体组织产生致癌变、致畸变和突变的作用。水污染物的环境健康危害主要分为生物、化学和物理危害，表现为急性危害（流行性传染病爆发等）、慢性危害（慢性中毒、水俣病、疼痛病）和远期危害（致癌、致突变和致畸作用）。饮用不洁水不仅可传染水传染疾病，还可引起水性地方病，化学性污染物可引起急性中毒和慢性中毒，还可以致癌、致畸、致突变。流行病学研究表明，某些地区饮用水含有有害物所造成的癌症死亡率明显高于对照人群。

二、水污染的健康影响

水污染是世界上头号杀手之一，联合国开发计划署统计，目前全世界有18 亿人没有合格的卫生用水。在发展中国家，80%～90%的疾病是由于饮用水被污染而引起的。在这些国家和地区，水中的病原体和污染物每年导致 2500万人死亡，占发展中国家死亡人数的 1 / 3。

世界卫生组织（WHO）在 1980 年底的研究报告中指出，1980 年全球约有占人口 30%（13.2 亿）的人得不到清洁的饮用水，17.3 亿人缺少合乎基本卫生条件的厕所。在发展中国家里，有 3 / 5 的人口缺乏清洁的饮用水，3 / 4人口生活在极不卫生的条件中。世界上平均每天有 25000 多人因用污染的水引起疾病或因缺水而死亡；在很多第三世界国家中，死亡的婴儿有 3 / 5 到 4 / 5 是由水污染发病而造成的。

据联合国环境规划署的一项调查，在发展中国家里，每五种常见病中有四种是由脏水或是没有卫生设备造成的。1996 年"全球疾病负担研究"报告指出：不良的水源、卫生设施和个人及家庭卫生结合在一起形成了疾病的第二大危险因素，占总死亡的 53% 和 DALY（残疾调整生活年限）的 6.8%。贫困地区的分担份额大得多，在南撒哈拉地区为 10%，在印度为 9.5%，在中东为 8.8%。

中国饮用水水源以地表水和井水为主，饮用人口占 82.4%。饮用各类自来水的人数为 2.04 亿，其中经过完全处理的自来水只占 46%，全国 80% 的人口靠分散方式供水，农村大部分人仍还靠手动或电动水泵水井或直接从未经过水处理的河流、湖泊、池塘或水井取水，目前仍有一半以上的农村人口在喝不符合安全标准的水。水源污染，同时公共卫生设施跟不上发展的需求，有大量人口饮用不安全卫生水，从而致病，尤其农村地区，大多水源受到污染，大肠菌群超标率高达 86%，城镇也有 28%，全国有约 7 亿人饮用大肠菌群超标水。全国有 7700 万人饮用氟化物超标水，主要分布在华北、西北和东北；有 1.6 亿人饮用受到有机污染的水；饮用含盐量（Ca、Mg）、硫酸盐和氯化物过高的人数分别为 1.2 亿、5000 万和 3400 万，还有饮用一些受到其他污染物污染的水，总计 7 亿人饮用不安全的水，占调查人口的 70%。

三、废水灌溉对健康的影响

农业灌溉也会带来一系列的环境问题，一是加剧了水资源危机；二是排放大量农业生产废水，污染物包括有机污染物、农药、氮磷污染物等；三是直接影响人体健康，有 30 多种疾病与灌溉有关，如血吸虫病、疟疾等。

中国 2000 年的古老农业历史中，废水灌溉在中国许多地方是一个常见的做法。但是，过去几十年间，采用人粪尿的那种老习惯已为使用工业废水所补充，从而引起了生物和化学的污染问题。

1993 年中国污水灌溉面积为全国有效灌溉面积的 36.67%，即 1573 万 km^2，未达农田灌溉水质标准的污灌面积为 393.4 万 km^2，折合播种面积 609.4

万 km^2，污灌造成的产量损失为 13.9 亿元，质量下降的损失约 33.5 亿元，污灌也引起灌区土壤和地下水的污染。某些有机污染物、重金属、致癌物等在内的污染物都在灌溉的过程中进入食物链，从而影响了人体健康。

从 20 世纪 70 年代以来，为数不少的研究业已表明，在那些靠废水灌溉的地区，疾病的发病率，尤其是恶性疾病的发病率普通偏高，污灌对人体健康的影响已经引起普通关注。随着水资源危机的加剧，尤其是我国北方地区，污水灌溉问题将更加突出。

第三节　威胁自然生态系统

一、栖息地的影响

生物的生存和繁衍离不开水，无论是动物、植物，无论是陆生的、水生的，还是两栖的。水资源危机对生态系统的影响，首先表现为对生物栖息地的影响，包括栖息地的丧失、退化和变迁。水资源开发利用，改变了水的使用功能和途径，引起自然生态系统的毁灭；缺水将引起气候变化、土地退化和荒漠化、湿地的丧失和退化；水污染引起水体的物理化学性质变化，这些都影响了生物的生存和繁衍。

二、生物多样性的影响

缺水和水污染破坏了生物的生存和繁衍环境，进而引起生物种群结构、数量的变化，一些环境敏感物种甚至消亡，生物多样性受到威胁。

三、自然景观的影响

水是自然景观的基本要素，在中国山东济南被称为"天下第一泉的"趵突泉，因地下水位持续下降，只有在汛期的特定时间，才能见到三泉齐涌的壮观景象。另外，山西晋祠的泉水、淮南八公山的珍珠泉等也几近枯竭。北京的莲花池、万泉庄等即将徒有虚名。

水污染同样使景观价值大为降低，意有"高原明珠"的滇池，因污染而失去了旅游观光价值，杭州西湖、南京玄武湖、太湖等污染问题已经严重影响了旅游业的发展。

四、诱发的自然灾害

水资源危机还可能引起表土干化，植被减少，诱发沙漠化等自然灾害。

第四章 水资源危机

第一节 概述

地球上总水量占地球体积的 1%，达到 13.86 亿 km^3，地球表面的 71%被水覆盖，但可利用的水资源量是有限的，如果可利用的水资源分配合理，且能够得到合理而有效的利用,完全可以满足世界 60 亿人口的生活和生产需要，不会产生全球性的水资源危机。

自然界的水资源处于动态循环过程中，水循环过程中任何一个环节出现障碍，都会导致水资源危机，比如使用过程中带来过量的环境污染物，使水体受到污染，会产生污染型水资源短缺，因此水循环系统障碍是造成全球水资源危机的根源。水循环是一个庞大的天然水资源系统，循环过程在自然界中具有一定的时间和空间分布，而其时空分布受地理条件和气候的作用，有的地区或时间暴雨成灾，而同时有的地区或时间干旱无雨，水资源呈现出强烈的时空分布特征，这是造成局部地区水资源短缺的重要自然因素。从水循环与环境的关系可见环境与水循环有着密切的关系，环境的破坏将影响着水循环的数量、路径和速度，因此生态环境的破坏是造成水资源危机的重要的人为因素。生态环境破坏的根源在于人口剧增、城市化、经济发展、森林生态系统的毁坏、环境污染以及规划管理等。

第二节 未来发展趋势

一、全球气候变化

据科学家估算，100 年以来，全球地面平均温度上升了 0.3～0.6℃，其中五个最暖的年份发生在 19 世纪 80 年代。1900 年以来，增暖主要发生在两个时期：1910～1940 年和 1975 年以后。科学家的研究表明，过去 100 年地球表面大气增湿的幅度与有关气候模式模拟的结果是相一致的，但它也与气候的自然变率相同，因而观测到的气候变暖可能是由于人类引起的温室效应造成的，也有可能主要是由自然变率造成的，也有可能是自然变率和其他人为因子与人类活动引起的温室增暖相互抵消的结果。目前还不可能根据过去近百年的观测资料检测出温室效应对温度增加的量值。

根据现有有关气候模式的预测，下一个世纪全球平均温度的增加率约为每 10 年 0.3℃（变化范围为每 10 年 0.2～0.5℃），这是在假设温室气体排放量不采取任何措施加以限制的条件下得到的。到 2025 年，全球平均温度将比现在高 1℃（比工业化之前高约 2℃）。到 21 世纪末将比目前高 3℃，比工业化之的高约 4℃。但这仅仅是一个预测，预测中存在着许多不确定性，尤其是气候变化出现的时间、大小和区域，造成这种不确定性有很多原因。首先，对于温室气体的源与流了解不够，包括目前和将来的排放率，大气中温室气体浓度怎样受这些排放率而改变；大气、生物圈与水圈如何对这些浓度变化产生影响等还没搞清楚。其次，气候模式中最大的缺陷是云反馈作用考虑不够（影响云量、云分布和云与太阳辐射和地球辐射相互作用的一些因素）。还有，来自于大气和海洋、大气和地表、海洋上层与深层之间的能量交换的情况。虽然预测存在着不确定性，这正因为它是预测，预测本身就是有不确定性的，这并不影响预测的进行，预测同时也有很大的准确性、权威性和参考价值。

科学评价组和气候变化影响组是政府间气候变化专门委员会下属的两个

工作组，以上是他们对全球气候变化问题进行了深入的调查研究，并做出的全面的评价。评价结论指出，由于人类砍伐森林、燃煤等活动造成的大气中的温室气体明显增加，在过去的 100 年中，大气的平均地面温度确实是上升的，而且有继续上升的趋势，人类如果不采取适当的行动，控制温室气体向大气中排放，大气的平均地面温度将会继续上升，世界上有的地方将会变得干旱，水资源匮乏，给这些地方的经济发展和人们的生活带来很多影响。同时也应该指出，虽然科学家们相信，我们现在正面临着一场明显的全球气候变化，但这种气候变化的时间快慢、量值以及地区上的差异还有着不完全一致的看法。问题本身还包含有不少复杂的不确定性因素，这需要通过今后大量的研究工作加以阐明。

有关研究表明，近 40 年中国有变暖与变干趋势，尤以北方明显，而大城市这种特征更加突出。该研究对于全球变暖情况下中国的气候特征专门作了较详细的分析。利用气候模式模拟温室效应对中国气候的影响，发现中国有变暖的可能性，尤以冬季和中国北方明显，计算近 40 年中国年与各季气温与降水的相关系数表明，在中国东部与中部二者有明显的负相关，即变暖伴随变干趋势，尤以夏季明显，这种关系在海河流域近 500 年变化中亦有反映。

近 40 年来，中国气象台站有了较多的观测资料。因而着重分析 1951～1989 年中国 160 站各季与年气温变化（月资料取自国家气象中心长期科）。全国 160 站按人口分成 5 类：1 类为城市人口大于 100 万，2 类为 50 万～100 万，3 类为 10 万～50 万，4 类为 1 万～10 万，5 类为少于 1 万。分别计算了年与各季全国与各类城市近 39 年的气温线性变化，明显可以看到，近 39 年全国平均气温变暖大约 0.23℃，其中大城市较中小城市明显变暖。近 39 年增暖以冬季最明显，而夏季则为变冷趋势，尤以大城市明显。

分析表明，近 60 年，全国干旱频率有所增加，尤以中国北部与中部明显，全国年降水近 39 年来有变旱趋势，尤以夏季明显。值得提出的是，大城市夏季降水减少的趋势很明显。而近 10 年降水与前 30 年相比，中国华北一带明显变干是值得重视的。在暖地球情况下，中国的气温与降水之间是否相关？利用近 40 年中国 160 站气温与降水资料计算了年与各季两者之间的相关系数，结果表明，全国大部分地区年与季气温与降水成反相关，相关系数满足 5%

信度的地区主要在长江中下游，华北与华中部分地区以及东北与西北部分地区。这种关系在夏季表现最为显著，这表明，变暖相应于变干。中国北方是水资源短缺的地区，又有重要的农业区，因而有必要利用更长的历史资料来检验气温与降水的关系。

中国作为全球环境的一个地区，近百年的气候变化，就地表大气温度变化而言，与北半球的变化趋势大致相似，从近 500～600 年的变化趋势看，也基本是相似的。这一时期的气候变化主要有两个特点：一是小冰期（1550～1850 年），一是 20 世纪的变暖。无论是全球，中国和其他地区，20 世纪的气候都处于小冰期末尾的回暖期，近百年来的气温大致都在 20 世纪 40 年代出现温度峰值。但是中国地区具体的温度变化过程和幅度又有明显的差别，可以概括为以下几点：

①中国近 500 年来以 17、19 世纪最冷，20 世纪以来气温开始回升，40 年代达到最暖，50 年代以后有波动。80 年代北部有较明显回暖，但全国大部分地区 80 年代气温至今还未暖于 40 年代，这一点与全球变化是不一致的。

②中国北方地区 20 世纪 80 年代气温比 50～60 年代暖 0.3～1.0℃，其中东北大部、内蒙、新疆北部等地偏高 1.0～2.5℃，主要是冬季变暖明显。1986～1989 年连续四年出现异常暖冬，其中 1986 年冬暖的范围最大。在淮河、秦岭以南，南岭以北，四川盆地和贵州以东的长江淮河流域，从 50 或 60 年代到 80 年代是一个逐步变冷区，其中四川、贵州和湖北部分地区 40 年代一直逐步变冷，这一点于全球变暖的趋势也是不一致的。

②近 40 年来，中国大部分地区以 50 年代降水最多，到 60 年代明显减少。从 60 年代到 80 年代在东北北部、新疆以及青藏高原中北部降水有增加，其余地区是减少趋势，其中以华北减少最为明显。

全球变暖的情况下，中国各地的气候也将会跟着相应变化，大气温度将变暖，气候的变化对中国水资源的影响特别严重。水资源对气候变化最敏感的地区是北方干旱及半干旱区，尤以夏季的华北和华中、华南最为显著，这些地方将可能变干，使水资源短缺，而中国东北和西北地区则可能变湿。

二、人口增长与城市化发展趋势

人口增长、城市化以及移民，都影响着全球人口的数量和分布，也影响着自然资源，包括水资源的开发利用，也直接影响着水资源危机的发生和发展。

（一）人口增长

人口增长是社会发展的源动力，是在所有环境变化力量背后的根本驱动力，包括对水资源危机的影响。

世界人口仍在增加，但近年来增长速度减慢，每年世界人口增加的人数从 20 世纪 80 年代后期的 8700 万人顶峰下降到 90 年代前半期的 8100 万人。世界银行预测，2050 年世界人口最低为 77 亿人，最高为 112 亿人，中间变样预测达到 94 亿左右，而中国人口总数预计到 2030 年达到 16 亿。

世界人口发展呈现以下特点：

●出生率下降；

●寿命将继续增长；

●发展中国家将广泛地跟随工业化国家已经历过的人口发展趋势；

●发展中国家增长速度继续高于工业化国家；

●人口分布的地区差异继续增加，落后地区人口数量继续增加，贫困人口增加。

（二）城市化

城市化既是机遇又是挑战。世界城市人口现以农村人口增长速度的 4 倍在增长。1990～2025 年之间，城市人口预计要增长 1 倍，达到 50 亿以上。如果是这种情况，那么世界人口近 2 / 3 将居住在城镇；过种增长的 90% 估计要发生在发展中国家。在亚太地区经济增长快速的国家里，城市化非常迅速，城市增长年平均速度超过 4%，但是城市化速度量快的是在最不发达国家里。非洲是世界上所有地区城市发展最快能，每年 5%。

当今城市化的一个特点是大城市区域越来越大的趋势继续发展。特大城市（居民至少为 800 万的城市）的数目从 1950 年的 2 个（纽约和伦敦）增长到 1995 年的 23 个，其中 17 个在发展中国家。到 2015 年，特大城市的数量据预调要增长到 36 个，其中 23 个将在亚洲。现在变化的速度和规模是每年城市人口增加 6000 多万。

中国人口总数预计到 2030 年达到 16 亿，伴随着工业化而来的是急剧的城市化，城镇人口比例到 2010 年将达到 50% 左右，特别是在从广州到上海被称为东南沿海"新月形"地区。自 1980 年以来，居住在城市中的人口比例大约上升了 50%。现在住在城市的人口约 3.7 亿，到 20 世纪末 21 世纪初，这个数目有望达到 4.4 亿。世界银行一个模型预测，到 2020 年，将有 42% 的中国人，也就是 6 亿以上的人住在主要集中于东部和南部沿海省份中的城市地区。

三、移民

国际间移民正在增长，包括由于经济或其他原因自愿移民和难民非自愿转移，根据联合国统计，1990 年至少 1.2 亿人（不包括难民）生活或工作在别的国家，比 1965 年增加大约 7500 万。移民年增长率在发展中国家是最快的，将近一半国际间移民出现在发展中国家之间。在 1990 年，外国出生的居民只占发展中国家总人口的 1.6%，但占发达国家总人口的 4.5%。经合组织（0ECD）成员国的人口增长并不是由自然增长率造成的，而主要是由移民造成的，1990～1995 年之间，发达国家总体人口增长的 45% 是由于移民造成的，在欧洲，这个比例是 88%。

环境恶化和资源短缺会有助于引发大规模移民。人口增长、土地缺乏以及周期性的干旱和洪涝已促使 1000 多万，若包括其子女也许有 2000 万孟加拉人从孟加拉国非法移民到邻近的印度的几个邦。

贫困落后也有助于引发大规模的移民，中国数以百万计的贫困地区人口在 20 世纪 80 年代初迁移到广东等沿海经济发达地区，中国农村人口向城市，尤其是大城市和发达地区城市的迁移一直在继续。

移民引起人口的再分布，有利于经济发展和解脱贫困，也会加重地区自然资源的负荷，引起和加重地区水资源危机。

四、经济增长与人类发展

经济增长是减轻贫困、为人类发展和保护环境提供必要资源的一个重要因素。工业革命以来，全球经济急速发展。自 1950 年以来，世界经济增长了近 5 倍，其增长速度是史无前例的，工业化国家仍是世界经济活动的主角。在 1993 年全球国内生产总值的 27.7 万亿美元中，工业化国家的份额为 22.5 万亿。无论发展中国家还是发达国家，经济增长都是巨大的，期间人均收入年增长近 3.5%，经济学家预测，这种经济增长将继续保持到 21 世纪中叶。在过去 25 年中的一个突出趋势就是发展中国家日益突起的作用，尤其是东南亚人口较多的国家。

自从 1978 年开始经济改革以来，中国的经济增长比世界上任何一个经济大国都是最快速又最持续的，过去十几年中年平均增长率是 10%。实际上，在黄金般的东南沿海一些特区的年增长接近 20%，也就是不到 4 年就翻了一番。

工业是中国的最大生产部门，占其国内生产总值（GDP）的 48%，使用了全国总劳动力的 15%。20 世纪 90 年代，中国几千万个工业企业的产值年增长率达到 18%。中国惊人的工业增长塑造了 21 世纪它必将成为一个经济大国的国家形象。

跨境贸易和投资的自由化推动着经济发展，还增加了资本向发展中国家流动，1988~1995 年间，跨国公司在发展中国家的新建工厂、供应品和设备方面的投资近 4220 亿美元，资本的转移促进了发展中国家的经济发展，同时增加了发展中国家的环境压力和资源短缺局面。

虽然世界经济持续增长，但贫困、收入不平等、贫富差异等问题仍然存在。全球经济增长未能减缓世界大部分人口的贫困，贫困的绝对范围继续扩大。生活着 40 亿多人口的 3/4 的最不发展国家，80~90 年代经济经历了负增长。到 1993 年，发展中国家仍有大约 13 亿人靠一天不到 1 美元生存，除东南亚外的世界每一个地区，穷人的绝对数量有所增加。贫困继续集中在农村地区。发展中国家大约 3000 万人没有土地,另外 13800 万人几乎没有土地,并且这一数字仍在增加。在国家内部和国家之间,贫富之间的差距正在扩大。1960 年,世界人口中 20%最富有者控制着全球收入的 70%。截止 1993年,控制达 85%,而 20%最贫穷者的份额从 2.3%下降到 1.4%。21 世纪这些差距可能还要加大——即使大部分发展中国家的实际经济增长率大大超过发达地区。在许多国家内部,收入分配也不公平,在巴西,穷人的收入仅是人均收入的 1/10。贫困意味着对资源的无度开发利用,生态后果严重。

五、粮食需求与农业发展

1.农药、化肥和肥料增加

1995 年世界农药消费到达 260 万 t 活性成分,其中 85%用于农业。约 3/4 的农药使用是在发达国家,主要是除草剂,通常毒性低于杀虫剂。在大多数发展中国家,农药使用量小,但也是大量的,发展中国家农药的使用量正在稳步上升,主要品种为杀虫剂,毒性大,如有机磷农药和氨基甲酸酯类,甚至滴滴涕、林丹和毒杀芬等有机氯杀虫剂还在使用。在发达国家,虽然旧式农药的大量使用继续存在,但趋势是使用更有选择性的、对人类和环境毒性更小的、施用量小而有效的新型农药,包括微生物农药。在发展中国家,农药销售呈强劲的上升趋势,许多剧毒的杀虫剂仍普遍使用。至少未来 10 年,农药的使用可能还要大量增加。1995~1996 年,印度的农药销售上升 5%。巴西(世界第四大农药消费国)正在经历类似的增长,同样还有中国,它尤其代表着亚洲最有活力的市场。甚至在所有区域中使用率最低的非洲,过去10 年来也提高了农药销售。

化肥和肥料的使用量也随着农业集约化而增加。氮肥是提高产量的最有效工具之一,它在全球范围内的使用从 1960~1990 年增长了 4 倍,虽然速度较慢,但今天仍在逐渐增长。到 2020 年,发展中国家的化肥消费预计翻一番,非洲和南亚的增长尤其迅速。

灌溉以及灌溉面积的扩大在增加粮食生产中起到了重要作用。在 20 世纪70 年代绿色革命的顶峰时期,灌溉地以全球每年 2%的速度扩大,此后,由于受到巨大开支以及水供应竞争加剧的影响,灌溉面积的年增长速度下降到1%左右。农业专家预测,至少在发展中国家,灌溉地将继续增长,以满足未来的粮食需求和扩大出口农业。联合国粮农组织预测。发展中国家(中国除外)的灌溉地每年增加0.8%,从1990年的12300万 hm^2 扩大到2010年的约14600万 hm^2。埃及、墨西哥和土耳其预计灌溉面积增长尤其迅速。

2.土地转变

土地向农业的转变仍在许多发展中国家进行并可能继续。联合国环境规划署预测,到2050年,非洲和西亚的农业用地面积可能增加近1倍,亚洲及太平洋地区增加 25%。这一转变的大部分将以森林地区为目标。确实,林地向农业的转变在热带甚至包括中国在内的一些温带地区已经成为促使森林损失的主要原因。世界上现存的大片森林的1/5很可能会成为新地和牧场。

六、工业发展

工业化是经济发展和改善人类福利前景的中心。许多发展中国家正在经历它们自己的工业革命,最新一轮的工业革命的步伐,特别是亚洲地区。例如,在中国,1990 hm^2 1995年间每年的工业增长率达到18.1%;东亚及太平洋地区和南亚分别经历了每年约15%和6.4%的增长率。

工业增长的正面经济和社会结果伴随着严重的环境退化以及不断增长的职业危害对健康的威胁。在某种程度上,这些问题与欧洲早期工业化时的问题类似,包括从乡村农业社会向城市工业社会的转移开始引起普遍的社会和经济的瓦解,失业、无家可归、污染以及在工作和家庭中日益增多的对健康危害的接触。发展中国家工业化的一个显著特点是以资源密集型为主,包括钢铁、造纸、化工、电力、采矿等,这些工业正逐步由发达国家向发展中国家转移,发展中国家这些工业的发展速度远高于发达国家。在工业发展的同时,一方面消耗大量的资源,占用大量的土地,尤其是农业耕地;另一方面排放大量的环境污染物,工业废物大量增加并变得更多样、更有毒、更难于处置或降解,包括难降解有机污染物、多环芳烃、重金属等。

七、不断增加的能源利用

多年来，全球的能源利用随着工业经济扩张而稳步上升，预计这一迅速上升在未来数十年间将继续下去。从 1971 年以来，全球的能源消耗增长了 70％，预测 1993hm²2010 年能源利用可能增加约 40％，即使将采用新技术，能源利用也可能在 2010 年后继续高涨。今天，发达国家消费全部商品能源的 3／4，然而，未来几十年大部分额外的能源需求将来自发展中国家，预计到 2010 年发展中国家在世界能源利用中的份额将增加到 40％。

在发达国家，人均能源消耗已非常之大，而且还在缓慢增长。相比而言，在那些能源消耗远低于富裕国家的发展中国家，这种增长的速度最快。发展中国家占有全球 80％的人口，但是仅仅消耗世界能源的 1／3。

能源消耗增加直接影响大气环境，会加重温室效应，影响全球水循环，对生态系统、水资源产生深刻的影响。

第三节 水资源危机

21 世纪，人类将进入信息社会，科技高速发展，人类开发利用和保护水资源的能力将明显提高，但是受水资源自身的有限性与分布不均匀性、全球气候等自然因素、人口增加、城市化、工农业发展、生态系统破坏、环境污染等人为因素的影响，水资源危机还将持续相当长的时期，至少在未来的几十年内，水资源危机还将呈现加重趋势。

一、水资源需求量急剧增加

纵观 20 世纪的发展历程，水资源的需求随着人口增加和经济的不断发展而呈急剧上升态势，1900～1940 年 40 年间全球用水量由 4000 亿 m^3 增至 8200 亿 m^3，约翻一番，在后 60 年，约 15～25 年就又翻一番，到 2000 年用水量达 6 万亿 m^3，将是 1900 年的 15 倍。农业和工业发展、人口增加以及城市化是全球用水量急剧增加的根本原因。

1900 年全球农业用水量为 3500 亿 m^3、占总用水量的 87.5%，到 2000 年达到 3.4 万亿 m^3，平均每十年就增长 1 倍。

世界工业用水量增长速度十分惊人，在 1900 年用水量仅为 300 亿 m^3，但随着耗水量大的新兴工业的建立，用水量逐年增大，到 1940 年世界工业用水量较 1900 年增长 4 倍，到 1960 年增长 10 倍，1975 年增长到 21 倍，到 2000 年将增至 60 倍以上，达到 1.9 万亿 m^3。

城市用水量相对较小，但用水集中，要求保证率高，1900 年全球城市用水量为 200 亿 m^3，至 2000 年为 4400 亿 m^3，在百年之间增长了 22 倍。

人类社会进入 21 世纪，科技水平提高，人类征服自然与合理开发利用自然资源能力提高，水资源的开发利用将趋于合理，但人口增加、经济发展对水资源的需求增加会超过节水贡献。联合国的评估表明，如果今后 30 年中在水的分配和使用方法上仍没有明显改进，全球水资源形势将极大地恶化。目前人口的增长和社会经济的发展，尤其是工业和家庭的现代化，使得水需求量大大增加，如果按目前的增长势头持续下去，工业用水预计到2025年将会翻番。农业用水预计也会随着世界粮食需求的增加而增长。农业在全球总耗江河日下中已占到70%，联合国还预计，到2025年，灌溉用水将增加50%～100%。

二、水资源危机继续加重

自从20世纪70年代联合国水会议向全世界发出了"水不久将成为一个严重的社会危机"的警告后，30年来人们一直在关注水资源危机，也在努力消除危机，可结果并不满意，水资源需求和供给矛盾日益加剧，全世界对水的需求将会是21世纪最为紧迫的资源问题。

如果世界年用水量继续按照目前的3%～5%增长，全世界平均每15年淡水消耗量增长1倍，目前地球上已有60%的陆地面积，遍及63个国家和地区面临缺水问题，将逐渐演化为全球性的水资源危机。据预测，到21世纪初面临缺水的国家，欧洲有15个，亚洲有14个，非洲有20个。目前有些国家人口已超过供水能够承受的能力，若将人均每年拥有水资源1000m³以下的国家作为缺水国家，则世界上有26个国家，3亿多人正生活在缺水状态中。非洲此类国家最多，总数达到11个，到2010年之前，还另有6个国家也将步入此行列，预计生活在缺水国家的非洲人口总数将达到4亿，占整个非洲大陆人口的37%。另外，14个中东国家中的9个也面临着缺水情况，使之成为世界上缺水国家最集中的地区。

国际人口活动研究机构于1994年末发表的题为《维持水源：人口和未来可再生水源供应》的研究报告认为，目前，全世界每15人中就有1人生活在用水紧张或水荒环境中，而到2025年同样的情形将困扰全球的每3个人中的1个。据估计，全世界面临水源紧张的人口在1990年有3.35亿，到2025年将上升到28亿至33亿，缺水的人口将增加8倍多。

印度预计2050年需水量将达可用水量的92%；阿拉伯22个国家地处沙漠，水资源贫乏情况严重，到2000年利用率将高达85%，到2030年缺水将达 1000 亿 m³；埃及、以色列等国基本上使用了全国可利用水量，水已不折不扣地成为这些国家生存与发展的生命线。

中国水资源是属严峻之列。自 20 世纪 70 年代后期水资源短缺日益突出，到 2000 年中等干旱年份缺水 278 亿 m³，如不采取措施，再遇到较严重干旱，其后果不堪设想。

三、水污染问题日益突出

21 世纪，科技发展速度与水环境保护投入远远跟不上水污染的发展速度，水污染将继续破坏很大一部分可利用的水资源，极大地加剧各地区现有缺水问题的严重性。

21 世纪初期，世界人口和经济继续发展，尤其是广大的发展中国家，为了摆脱落后和贫困，继续着工业化国家的发展之路，工业快速发展，农业集约化，城市化进程加快，都预示着水污染排放量的急剧上升。在发展中国家，经济发展始终是第一位的，实现可持续发展的前提是良好的经济基础，如果经济落后，人的基本生活得不到保证，保护自然资源是空洞的设想，因此发展中国家只有在发展经济过程中逐步改善环境质量。

四、水资源危机呈现强烈的区域特征

21 世纪，全球经济发展短期内继续呈现不均衡的局面，贫困人口增加，贫富差距增大，发展中国家继续着资源型经济，因此水资源危机除呈现全球化趋势外，最明显的特征是强烈的地区特征。发展中国家水资源危机远超过发达国家，城市水资源危机超过农村地区。

第五章 水资源的管理

第一节 水资源的管理

水资源是有限的资源，水资源的开发利用是一项系统工程，防治水资源危机首先是加强水资源的规划管理，合理开发利用有限而宝贵的水资源。水资源管理在保护水资源，防治水污染，促进经济可持续发展等方面发挥着重要作用。水资源管理是一个内容广泛的系统工程，它包括法律、经济、社会、政治等一系列活动或行为。

水资源管理模式世界各国千差万别，核心是科学估算水资源可开发利用量，合理规划利用水资源，在发挥水资源最大效益基础上实现水资源的永续利用。这里，我们根据我国国情，探讨如何开展水资源的管理。

中国水资源管理的内容包括水资源保护和水污染防治两大方面。水资源保护是水环境管理的第一步，其主要目的是掌握水资源的可开采量、供水及耗水情况，制订水资源综合开发计划，做到计划用水、节约用水。合理利用水资源，就是根据需要和可能供水，高功能的用水供应高质水，低功能的用水供应低质水，这样可以减少不必要的水治理费用，努力做到一水多用，而且在尽可能选择少用水的工艺的基础上，需要多少，供应多少，通过严格管理，杜绝浪费；同时通过严格管理切实保护好各类用水的水源地免受污染，努力实现水资源的可持续利用。水污染防治目的是防止水污染，保护水体功能，科学地治理污水也不是简单的按国家颁布的"污水综合排放标准"治理污水，而是在选择并使用低耗水的先进工艺和杜绝"跑、冒、滴、漏"实施清洁生产、文明生产的基础上，同时合理利用水体的环境容量，分质分量地制订污水治理计划，才能保护水环境，否则往往事与愿违。经过多年的实践，可以把水资源管理的基本原则概括如下：

（1）水资源供应能力与其消耗相互协调。这要求在制订地区或城市的发展规划时，必须认真考虑本地区水资源的供应能力，建立不用水或少用水的经济发展模式，以便水资源可持续利用。

（2）努力节省水资源。通过对现有工艺的改革，既减少耗水量，也减少排污量，同时注重污水综合利用及再生后回用于工农业的研究与应用。大力推行清洁生产及废水资源化。

（3）严格执行对有毒有害物质及重金属必须厂内处理、达标排放的有关规定。

（4）按水域功能区实行总量控制，实行高功能水域高标准保护，低标准水域低标准保护；总量控制指标的分配要坚持公平原则，即各排污单位（企、事业）要合理负担污染负荷的削减任务。

（5）合理利用水体自净能力与人为措施相结合，即在不影响水域的使用功能的前提下，合理利用水环境的纳污能力，降低人工治理程度，节省污染的治理费用。

（6）加强管理。治理与管理，是环境保护的两大支柱，通过加强管理，制订合理可行的区域水质规划及水质目标，杜绝跑、冒、滴、漏和"偷排"、"乱排"等现象，实现文明生产，清洁生产。

（7）集中控制与重点源治理相结合，实行区域水环境综合整治。从整体出发，远近结合，统筹规划，分期实施。

从总体上看，中国目前的环境污染和生态破坏十分严重，特别是水环境的污染，已成为中国最严重的环境问题之一。另外，随着社会主义市场经济的进一步深化和实施可持续发展战略的要求，中国的水环境保护政策和措施在有效保护中国水环境方面也暴露出一定的局限性。

水资源是构成国家自然和文化景观的战略性资源，也是区域经济模式的决定性因素。中国现在面临着严峻的水的挑战，主要表现在水资源短缺和分布不均、水污染严重和用水浪费，并已成为中国许多地区和城市生存与发展的巨大障碍，对比国外水环境管理的趋势，可以看出，中国的水环境管理主要存在着以下几方面的不足：

1.水环境的区域管理方面

中国虽然也在七大河流上建立了流域管理机构，如长江水利委员会、珠江水利委员会等，但它们都不是权力机构，其工作重点是防洪和泥沙、干旱的防治及负责过界地区的水污染等，无权过问其他行政及经济方面的事务，与各地环保局、各省市有关部门之间在处理水环境问题时无法统一指挥。这造成七大流域除了防洪外，没有随时间季节而定的水资源管理；缺少流域间的相互协调；在各省内，水资源利用规划旨在最大程度地为本省谋利，导致流域水资源效益的次优化，流域管理委员会经济上不独立等弊端，没有真正达到流域管理的效果。

2.水环境管理体制和政策方面

中国水环境管理体制的主要问题是水资源管理与水污染控制的分离，以及有关国家与地方部门的条块分割。国家环保局虽然全面负责水环境保护与管理，但是它与其他很多机构分享权力，责权交叉多，从而导致"谁都该管"而"谁都不管"的现象。如中国的水管理分属水利、电力、农业、城建等部门，多龙治水难以实现"统一规划、合理布局"。

在水环境政策上，中国水资源的无偿使用和低水价政策，难以实现节约用水和污水资源化。国外的经验表明，适当提高水价，加强污水回用及资源化措施，对缓解水资源的紧张和对水环境的保护能起到重要的作用。

3.水环境保护法制方面

经过 20 多年的努力，中国水环境管理立法和标准日趋完善。但还存在以下不足，其一，立法空白，执法不严，如缺乏流域管理委员会设立的组织法、程序法，流域管理委员会的稳定性和职权没有法律保障，缺乏流域的水资源法，缺乏公众参与的程序法，与水污染防治法配套的法规、制度、标准尚不够完善，有法不依，执法不严的现象时有发生等；其二，相关的法律及其补充规定，没有包括解决水环境问题所需的综合整治，水污染防治法着重于点源污染而对非点源污染强调不够，水环境保护的法律较多，每一部法律都有一定的作用，但没有任何一部法律提供一个水环境综合管理的方法。

4.水环境保护规划方面

主要表现在以下两点：其一，政府各部门和企业之间在流域管理和经营上相互的条块分割问题是中国水环境规划中最严重的问题之一，如上游流域规划管理可能由林业部门负责，但也常常有可能由林业、农业部门共同负责，水利部门、能源部门或建设部门在特定的情况下也可能负责水库上游流域地区的规划管理；其二，水环境规划中区域间和行业间公平问题。由于中国不同地区间的社会经济差别较大，不同行业间的环境影响以及经济实力悬殊，统一的环境规划必然导致环境不公平。在行业间，比如目前影响中国水环境质量的主要是有机污染物，而这些污染物的来源是有机工业废水、城镇污水未经妥善处理的排放和农田大量使用的农药和化肥流失，但中国水环境规划以工业企业的主要污染源和主要污染物为控制对象，对水污染的农业污染等非点源污染没有给予应有的重视。在地区间，由于地区经济发展不平衡，会出现污染物排放量控制配额与其环境容量不相当的问题。

第二节　水资源保护战略

一、控制人口数量

地球上的水资源数量是有限的，如果人口无节制地增长，水资源的需求量就会不断增加，可利用的水资源会越来越少，水是人类生存之本，水资源的匮乏将最终影响到人类的生存和发展，因此，必须控制人口数量，防止人口过量增长，目前世界上人口增长快的地方大多在发展中国家，大多数发达国家人口数量增长缓慢，有的甚至出现负增长。因此，控制人口数量的主要任务落在了发展中国家的身上，中国人口有 13 亿多，人均拥有水资源且为世界平均水平的 1 / 4，控制人口数量，实行计划生育在中国是非常必要的。

二、加强管理

从目前水资源质量的发展趋势看，如不及时采取有效措施，21 世纪初将面临更为严峻的局面。目前，中国的水资源保护还缺乏有效的管理体系，因此，对水资源的开发利用进行管理是非常必要的，针对中国水资源保护存在的问题及其产生原因，我们应该建全水资源保护管理体系，强化统一管理。

1.加强水资源保护管理体制建设

中国水资源保护存在的共性问题是管理上的无序状态。要解决好中国水资源保护问题的一项重大措施就是强化统一管理，使管理工作纳入科学的、以国家利益为前提的统一管理轨道。为此建议：

（1）成立协调全国水资源保护管理的权力机构，制定统一政策，对水资源保护实施全国统一管理，改变国家多部门分管的分散状况。

（2）加强以流域为单元的水资源保护机构建设，并赋予其行政监督和管理职能，负责本流域水资源保护工作的组织协调、规划计划与监督管理，在流域决策体制下，对全流域的水污染进行宏观调控与治理。

（3）建立流域与区域结合、管理与保护统一的水资源保护工作体系。逐步形成中央与地方，流域与区域，资源保护与污染防治，上游与下游分工明确、责任到位、统一协调、管理有序的水资源保护机制。流域水资源保护机构负责组织编制流域水资源保护规划，组织水功能区划分，审定水域纳污能力，制定污染物排放总量控制方案，确定省界水体水质管理标准，对流域内各省区污染物排放总量控制实行监督。流域内各省、市人民政府对辖区内水质负责，依据污染物排放总量控制指标，制定辖区内水污染防治规划，将总量控制方案落实到污染源治理和污水处理上，确保水资源保护目标的实现。

2.制定和完善水资源保护政策法规体系

建全法制、以法治水是水资源保护工作的基本依据和保证。总结过去，既要看到已颁布的《环境保护法》、《水法》、《水污染防治法》、《水土保持法》、《河道管理条例》和《取水许可制度实施办法》等对水资源保护所起到的作用，也应看到许多水污染和水环境问题与法制不建全、法规与政策不完善及执法不严有关。因此，除了要修改和完善《水法》，制定《流域法》，以法律形式明确水行政主管部门在水资源保护工作中的地位、责任和权利外，还应加快制定由国务院颁布的《水资源保护管理条例》，确定以流域污染物排放总量控制为核心，地方各级政府行政首长分工负责，流域水资源保护机构实行监督的水资源保护机制。以部门规章制定入河排污监督管理、省界水体水质监督管理和水源地保护等水资源保护管理办法。

3.建立水资源保护市场经济机制

保护水资源，改善水环境，不仅涉及到管理体制和政策法规问题，也涉及到如何适应社会主义市场经济的需要，逐步把市场经济机制引入到水资源保护工作中来的问题。水资源是国有自然资源，水资源对使用者来说是商品，应当有偿使用。因此，在观念上要有大的转变，要改变现有的计划经济下城市低价用水、农村无偿用水的旧体制。要利用市场化、商品化机制调节水价。使用者要合理地缴纳水资源费，包括供水投入的成本费、排放污水治理成本费等。水价要分类管理、分类计算，使用户对水资源的利用承担合理的经济责任。要利用经济杠杆激励水资源的节约利用，发挥其最大的社会经济效益。具体有以下几点：

（1）合理运用价格机制，提高水资源费。价格改革是市场发育和经济体制改革的关键，过去水资源被视为无价且"取之不尽，用之不竭"，结果带来了水工程年久失修，无自我维持之力；水环境破坏，生态失衡；还造成了水资源的大量浪费。当前应通过推行"取水许可"和征收"水资源费"制度，逐步把过去被扭曲了的价格扶正过来，适当提高水资源费价格，并利用水资源费植树造林，涵养水源，以促进生态环境良性循环。

合理运用供求机制，调整水的各项费用。在中国多数地方，特别是供水水源地污染严重的地区，存在着水资源供求关系紧张状况，所以应调整水的各项费用，实行"核定限额，超额加征"制度。在供水紧张情况下，对企事业单位和居民个人都要核定用水、排污定额，在此定额以内按国家价格征收水费、水资源费和排污费，超额加价收取水费、水资源费和排污费，这样可以鼓励节约用水，减少浪费，减少排污，有利于保护水资源，有利于改善水环境。

（2）合理运用竞争机制，促进节水减污技术发展。治理水环境是一个复杂的系统工作，虽然经济杠杆是主要的手段之一，但还要辅以技术手段和行政手段，采用先进的技术降低成本，减少排污，包括废污水中污染物的回收、废污水资源化和建立生态农业等。通过技术发展促进竞争，通过竞争带动技术发展。另外，国家还应通过贷款与财政援助等途径，鼓励各行各业进行污染治理，促进水资源保护事业健康发展。

4.加强水资源保护能力建设

加大水资源保护的投资力度，是加强水资源保护能力建设，增强管理水资源综合能力的重要保障。为此，各级政府应增加资金投入，加强水资源保护机构的能力建设，在逐步完善常规水质监测的基础上，大力提高水环境监测系统的机动能力、快速反应能力和自动测报能力。建立基于公用数据交换系统和卫星通讯的水质信息网络，增强对突发性水污染事故预知、预报和防范能力。装备用于水生生物、痕量元素和有毒有害物测试的先进仪器设备，不断提高监测水平和能力。进一步做好对从事水资源保护工作的管理和技术人员的岗位培训，提高水资源保护队伍的整体素质。

三、提高水利用率、节约水资源

进入 20 世纪以来，全世界用水量急剧增长，全世界农业用水增长了 6 倍，工业用水增长了 21 倍，城市生活用水增长了 7.5 倍。近几十年来，中国总用水量增长了 4.6 倍，北京高达 40 多倍。其中农业用水增长了 4.2 倍，工业用水（含火电用水）增长了 22 倍，城市生活用水增长了 8 倍。当前全世界仍有不少国家和地区面临水源危机的严峻挑战，节约用水是当今世界各国的发展趋势，也是衡量一个国家或地区科技水平与精神文明的重要标志。中国水资源紧张，很多地区水资源严重不足，已成不争的事实，而水的利用率低及严重浪费是导致供水不足的一个重要原因。因此，必须提高全民的水资源保护和节约用水意识，建立节约用水、科学用水的新风尚，建成节水型社会。节水型社会包括节水型农业、节水型工业、节水型城市。节约用水近年来已被发展成为一整套成熟的措施，这些措施能够提供最为经济有效及保持良好环境的平衡计划用水的方法。事实上，更有效地用水就是创造新的供水水源。节约的每一升水都有助于满足新的用水需求而无须建造额外的河坝及耗用更多的地下水。除了在生态上更为优越之外，在提高用水效率方面每一元的投资，例如回用和节水，都比传统的供水工程的投资产生更多的可用水。

（一）节水型农业

由于农业用水占到所有从河流、湖泊及潜水层中取水量的 2 / 3，因此，提高灌溉的效率是保持持续用水承受能力的关键。农业上可能的节水量构成一个巨大的、尚未开发的主要供水水源。例如减少灌溉用水 1 / 10，就可使全世界的生活用水增加 1 倍。

农业是国民经济各个部门的用水大户，约占全国总用水量的 87.6%，达 $4.367 \times 10^{11} m^3$。中国的农业用水包括种植业和养殖业以及 8 亿农民生活和乡镇企业用水，面广量大，季节性强，问题错综复杂。建设节水型农业，关系到国民经济各个部门和农业生产的每个环节，必须从行政、立法、经济三管齐下，还要求工业及城市不断提高支农能力，不要把工业、城市污水泄向农村。

当前，强化水务管理，推广应用先进的灌溉制度和灌水技术，合理调整种植业和养殖业结构是节约农业用水的有效途径。国内外大量生产实践和科学试验研究表明，推广应用先进的节水灌溉技术，包括喷滴灌溉技术、低压管道输水技术、渠道防治技术，一般可节约用水 30%左右，增产 20%～30%。世界上一些国家的喷滴灌溉面积占总有效灌溉面积的比重，美国为 40%，原苏联为47%，罗马尼亚为80%，以色列为95%以上。中国发展喷滴灌溉比较晚，自 20 世纪 70 年代以来，走过一段曲折的道路，主要是设备造价太高，农民实难负担，至今全国喷滴灌溉面积只有 66 万～70 万 hm^2，仅占全国有效灌溉面积的 1.38%。因此要积极研制优质、高效、价廉的灌溉设备。在新的方式未建立之前，应大力改变灌溉效率低、水量浪费大的传统的地面灌溉方式。推行计划用水，提倡大畦改小畦，长沟改短沟，串灌改块灌，大力平整土地，进行园田化建设。近年来在北方半干旱地区还推广"长畦分段灌溉法"和"地膜灌溉法"。在水稻田灌溉方面，推广"浅、湿、晒"的节水增产灌溉制度。根据水稻生长各阶段需水的不同要求，分别采取浅水、湿润和晒田的不同灌溉方式，达到节水增产的目的。为解决水源不足，北方水稻灌区还可开发"水稻旱种"。总之，依靠科技进步，推广应用先进的节水型灌溉技术，是建立节水型农业的根本保障。

现在，各种各样的方法被用来提高农业用水的生产率，例如在美国得克萨斯州，许多农民已将老式的沟渠灌溉系统改变成一种新型涌流法，从而减少渗漏损失，同时使布水更为均匀。在得克萨斯平原平均节水量可达 25%；大约每公顷土地 30 美元的初期投资，一般在第一年里即可回收。以色列是滴灌技术的开拓者，此种节水技术是通过渗水介质或打有小孔的管道网络直接将水输送到作物根部，通常其效率可达到 95%。自 20 世纪 70 年代中期以来，世界上滴灌或其他微灌技术的使用增加了 26 倍。现在大约有 160 万 hm^2 是使用这种方法来进行灌溉的。以色列大约有一半耕地使用滴灌技术，使当地农民每公顷的用水量降低了 1/3，同时还增加了作物的产量。

除了推广这些技术，提高星罗棋布的地表水沟渠系统的效率也十分重要，这些系统在全世界被灌溉的土地占有主要地位，因为许多灌溉系统的维护和运行都比较差，因此有些土地灌溉的水太多，有些又太少。例如在印度改善其庞大的运河系统的基础设施及运行就能增加约 1 / 5 的灌溉面积而无须修建新的水坝。

（二）节水型工业

总的说来，工业用水占到全世界用水总量的 1 / 4 左右。大多数工业用水被用来作为冷却加工及其他用途，在这些过程中水可能会被加热、污染，但并没有被消耗掉。这就使得工厂有可能重复使用它，从而工厂从得到的每一立方米水中获得更多的产出。日本、美国和德国都是在工业用水生产率方面取得突出成绩的国家。随着第二次世界大战后工业化的迅速发展，日本的工业用水在 1973 年达到高峰，然后到了 1989 年减少了约 2 成，同时工业产量稳步增长，每立方米工业用水的产量已达 77 美元，而 1965 年为 21 美元。仅在过去的 20 年里，日本使其工业用水的产率增加了 2 倍以上。家庭、公寓式房屋及其他小企业的用水量占到世界总用水量的 1 / 10 以下，但是它们的需求常常集中在一些较小的地理区域内，在许多情况下，用水量的增加相当迅速。对于新加坡、波士顿、墨西哥城、耶路撒冷、洛杉矶等靠引水工程供水的城市，节水已被证明是能满足其居民用水需求的一个很好的方法，例如在大波士顿地区，通过在家庭安装节水器、进行工业用水审计、输水系统的检漏及公众教育，降低了年用水量的 16%。

中国正处在由农业大国向工业大国转变的关键历史时期，虽然目前工业用水比重不大，但势头很快。工业用水，水资源的经济效益比农业用水高得多。所以发展中的国家，工业用水处于优先地位。工业用水具有时间上均衡，区域密集，排放废污水，有污染环境破坏水源的特点。因此，建设节水型工业比节水农业更紧迫。建设节水型工业，政策性很强。首先要解决工业布局与水源条件相适应，目的在于充分有效地利用有限的水资源，来创造最高的经济效益，同时保护环境，使水资源能够永续利用，更快更好地实现国家工业化。其次是千方百计不断减轻水污染，工业发达国家正通过污水处理解决水污染问题，近年来正在向闭路循环和污水资源化方向发展。在中国建立节水型工业，除加强管理之外，采用先进的科学技术，改革工艺流程，提高水的循环利用率，降低万元产值的耗水量，同时开发污水资源化的科学技术，减少水污染，是建立节水型工业的根本途径。

（三）节水型城市

城市生活用水，要求供水均衡不断，保证率高，水质优良。目前中国城市用水比重小，仅占全国总量的 2%，但发展势头也很快。随着城市化的进程，人口和工业不断向城市集中，同时城市流动人口之大，世界独有，城市水量供需矛盾将越来越大。为此城市节约用水必将提到议事日程。为达到此目的，开发研制城市生活用水的节水型器具，逐步实现生活用水的循环使用和清污分流，同时建立高水平的城市污水处理系统，防止水污染，是建立节水型城市的有效途径。

中国的主要城市绝大部分在沿海、沿江、沿湖、沿线（铁路及公路干线），是中国各地政治、经济、文化的活动中心，且城市建制多为市管县，工业、农业、生活用水融为一体，在世界上独具特色。建设节水型城市，对于建设节水型社会将起到排头兵的作用，有条件地选择若干个城市试点，然后推广。

总之，利用现有的技术及方法，可能减少农业用水 10%～50%、工业用水 40%～90%，而不减少经济产出及降低生活的质量。但是我们的努力却面临着失败的危险，因为有些政策和法规鼓励浪费和滥用而不是提高用水效率和节约用水。最重要的是降低用水的补贴，特别是灌溉用水。许多农民所支付的水费只占真正成本的 1 / 5 以下，因此无须考虑如何节约用水。对于城市供水系统，设立符合实际的价格体系来鼓励工业和居民节约用水是至关重要的。此外，鼓励建立水交易的开放市场也有助于供水的再分配及提高用水效率。

四、污染防治

（一）调整中国产业结构和布局

中国的人口、耕地、矿藏资源等的分布以及社会历史情况决定了中国原有的产业结构和产业布局，但是这种分布状况与中国水资源的空间分布很不匹配。中国的主要农业灌溉区和需水工业大多集中于北方，而中国水资源分布却是南多北少，导致中国北方水环境恶化极其严重，水资源已经成为中国北方经济发展的一个不利因素。因此调整中国产业结构和布局势在必行。具体来说：①在北方地区加速发展高新技术产业、第三产业，尽量少建或不建能耗高、污染重的产业；②加强对老企业的改造和管理，降低其能耗和污染；③采取"分散集团式"的产业布局原则。

（二）建立水资源保护区

为从整体上解决中国水环境恶化的问题，必须有计划地建立不同类型和不同级别的水资源保护区，并采取有效措施加以保护。主要包括：①流域水资源保护区；②山区和平原水资源保护区；③大型水利工程水资源保护区；④重点城市水资源保护区。将各保护区内水资源的分配、水费、排污费的收取、治污资金的筹集等有效地统一起来，就能够实现从局部到整体的治理步骤的实现，从而解决中国水环境问题。

（三）加强水环境的综合治理与规划

由于水资源的再治理是很困难的，因此水环境的保护政策应当贯彻"以防为主、防治结合、综合治理、综合利用"的方针。具体来说就是要将污水处理措施、生物措施和水利措施结合起来，充分利用水环境的自净能力，从根本上治理水环境。例如对于海河，由于降雨量年内分配极不均匀，枯水期和丰水期经流相差十几倍，而污染主要集中在枯水期，污径比值在 1994 年曾经达到 0.15，因此在其中上游修建一些水利工程设施，调节径流的年内分配，使水环境容量不至于在丰水期浪费，而枯水期又远远不足，增加河流的稀释能力，另一方面对于防洪、供水也有很大的益处。从规划上应将流域规划和区域规划结合起来，妥善处理好上下游、区域、部门之间的关系，全盘考虑，统一规划。

加强水资源保护是水资源开发利用的大前提。如果水资源枯竭或污染破坏，也就谈不上开发利用；也只有在水资源保护的前提下，才可能使开源与节流发挥有效的作用。因此水资源保护是今后开发利用水资源的基础。

水资源保护涉及的内容很多，但目前应重点抓好以下几方面的工作。

（1）防止浪费是保护水资源的最有效的措施之一。大家知道，水是有限的资源，从这一角度出发，浪费就是人为地减少水资源。防止浪费就成为重要的保护内容之一。

（2）严禁人类活动恶化水的质量。水资源包含质和量两方面的涵义，质量不好的水非但不能利用，而且还可能酿成后患。严禁人类污染水环境、破坏水资源，使可利用水资源变成废水、丧失水体的功能的活动。

（3）有节制地开发利用水资源。对某一河流或某一地区而言，水资源量是一定的，它与周围的环境和自然资源组成相互制约、相互作用的生态系统。因此开发利用水资源必须考虑周围的环境和资源，使其开发量限制在不破坏其他资源和环境为原则的前提下，过去那种只以水资源量为开发依据的做法应予限制。所谓有节制地开发，就是开采量限制在以不破坏某一河流、某一地区的生态环境为标准。只有这样，水资源的开发才能做到可持续开发利用。

总之，水资源的保护要坚持可持续发展的战略，在此基础上，要以先进的科技为先导，综合规划、合理利用，从经济、法制和行政三方面强化管理；还必须转变人们传统的用水观念，提高人们的可持续的利用水的意识。惟有如此，我们才能保护我们赖以生存和发展的水资源，才能摆脱水资源危机。

五、加强舆论宣传和监督工作

水涉及千家万户和各个领域，为了确保水量的稳定性，水质的优良性，充分发挥水资源的利用价值，必须深入持久地通过报纸、杂志、电视、广播、手册等工具，开展"立体型"的宣传教育，提高人们节水的责任感和自觉性，丰富人们的节水知识，使每个公民认识到水是宝贵的资源，水是生命不可缺少的部分，水的储量是有限的，对人类的贡献是巨大的。实践证明，在发达国家，法律作用、行政手段、经济支持和宣传工作，被认为是做好水资源管理和保护工作的四个要素。因此，舆论宣传是做好水资源保护工作的重要环节。只有唤起群众和全社会的重视，加强人人监督、群众舆论监督和各方面的监督，水资源才能真正得到保护。全民的水环境保护意识薄弱，是造成目前水资源危机的重要根源。从前文所述水资源危机的人为因素可以看到，那些人为因素，实际上是人们对自然世界、对客观规律认识不足造成的。人口对水资源的压力，是人类对人口问题认识不足的结果；人们在破坏涵养水源的森林植被时，没有认识到会受到自然的报复；人类在肆无忌惮地把大量有毒有害的污染物排入水体时，决不会想到会自食恶果；如果人类认识到水资源危机已到如此程度，也一定会收敛浪费水的行为。

因此，提高全民的水环境保护意识是非常重要的。提高全民水环境意识的重要途径包括以下几个方面：

首先，要加强宣传教育，要使人们了解水资源的重要性，水资源危机的严重性。要利用各级人民政府、各种媒体进行多种渠道的、多种形式的、全方位的宣传教育，使人们认识水资源、保护水资源。

其次，法制的宣传教育非常重要。目前中国有水资源保护法、水污染防治法，这是防治水污染、保护水资源的重要法律依据。我们要大力宣传，使人们了解国家的有关法律法规，自觉地去遵守；要利用对严重破坏、污染水资源案件的处罚，教育人民，起到处罚一个，教育一大片的目的。

另外，提高人们的水环境保护意识，转变观念是关键。其一，要改变人们长期认为的水资源是取之不尽、用之不竭的观念，使人们真正把水资源看作是宝贵的资源，其二，要改变人们认为的水有巨大的环境容量，可以消纳大量污染物的认识，实际上水的纳污能力是有限的，一旦超过这个限度，就会使水质严重恶化；其三，要改变人们认为水是自然之物，可无价或廉价使用的观念。长期以来，无论是工农业用水，还是人民生活用水，都是把水资源作为廉价资源任意使用，从而形成了人们轻视水资源的观念。我们可以通过水价改革，转变传统观念中水资源无价的认识，使全民认识到目前水资源日益紧缺的局面，从而提高全民的节水意识，促使全社会主动采取节水技术和设备，尽快建立节水型社会，实现水资源的可持续利用。

提高全民的水资源保护意识，不应该停留在口头上，还应该落实在行动中。水，就在你我身边，我们每天都有机会接触，都有机会实践水资源保护；假如人人从我做起、从现在做起，那么，我们一定会重现水的清澈透明，使水更好地造福于人类。

第六章 水污染的防治

第一节 水污染防治技术的发展

水污染防治技术的发展过程是在人们对水污染危害的认识的基础上逐渐发展起来的。它经历了从最初的如何将废弃不用的水排出，到怎样才不至于使排出的水影响水质；从随着工业发展逐渐发展起来的污水防治技术，到今天我们站在可持续发展的高度而采取的一系列保护水资源的战略、措施等发展过程。

首先是排水问题。人们不断集聚生活，人口越来越多，用水量越来越大，那么很自然面临如何排水的问题。人们在何时开始排水工程建设很难考证。考古发现，公元前 2300 年，中国先民就曾用陶土管敷设下水道。公元 98 年以前，在罗马曾建设巨大的城市排水渠和废水管道。但当时该排水工程的主要目的是排除城区的暴雨和冲洗街道的水，只有王宫和个别的私人生活污水与这些渠道连通。

排水工程与技术虽然开始得很早，但是其发展速度却十分缓慢，直至 19 世纪中叶均无显著的进展。早期的排水系统就是增加集流系统，通过已有的雨水管道排放城区的生活污水和粪便。这就形成了许多老城市的合流制排水系统。

最初，人们是将城市污水不作任何处理就近排入河道，利用天然水体的自然净化能力消纳、净化污水。当排入的污水量较少时，河流有足够的自净能力，经过一段时间后，进入河水中的污染物会被消减掉，河水重新返清；但当污水量日益增加，污染物的量超过纳污河道的自净能力，河水就会变得黑臭，长时间不能返清，最终成为一条城市的污水沟。随着城市规模的扩大和排污水量的增加，更多更长的污水沟形成，甚至成为纵横城市内外的污水沟网，它们将城市污水汇集到附近较大的河流，逐渐又使这些水体水质变差，甚至变黑变臭。如英国泰晤士河，曾一度造成严重污染，相当一段时间内鱼群消失。中国的许多城市目前仍在发生着类似的事情，许多城市区域内的河渠变成污水沟；许多城市附近的河流逐渐黑臭，有的终年黑臭，如中国上海的黄浦江，在20世纪60年代逐渐被污染，80年代每年黑臭期长达150天，而其支流苏州河终年黑臭。

　　流经各城市的河流象征城市的血脉，担当排污水的河沟就像城市的静脉。大量未经处理的污水排放使城市的静脉变得黑臭，随后便影响到作为城市给水水源的清洁河流——城市的大动脉。城市污水对人类的健康甚至生命造成了严重的威胁。这使人们对污水和废水在排入天然水体前的处理净化提出了要求，人们开始关注污水处理与净化技术的研究。

　　早期的水污染主要是由水冲厕所产生的粪便污水引起，因此，污水处理技术的研究也从处理或处置厕所污水开始。人们最早使用的方法是渗坑，也就是在地上挖一个土坑，让污水渗入地下，这种方法在多孔性土壤令人满意，但在细颗粒土壤便因坑壁堵塞问题而不适用。在这种条件下，人们又发明了化粪池。水在化粪池中沉淀，固体在池底消化，顶部溢流水排至专门的场地，在那里再让污水渗入地下。目前，在某些乡村，在无下水道的城区，有的还在使用渗坑或化粪池。由于在化粪池中沉淀与消化在同一个池子里进行，池中气泡上升不利于沉淀，使出水水质不理想。为解决这一问题，人们又研究出了隐化池，即将沉淀与消化过程分开的构筑物，后来由此发展出了污水的沉淀和污泥处置的构筑物和技术。污水的沉淀技术称为初级处理或称一级处理技术，可以说是污水处理技术的第一台阶。

　　一级水处理技术效率低，经一级处理后排水仍会对水体产生很大污染，仍不能解决日益加重的水污染问题，这促使人们寻求更进一步的污水处理技术，污水二级处理技术的研究就是在这样的社会和技术背景下开始的。

　　二级污水处理技术研究的突破发生于19世纪90年代。当时，有人注意到污水在砾石表面缓慢流动，当石子表面长有一层膜，而且与空气接触时，会导致污水强度，即水污染物浓度迅速降低。于是人们就用填满石子的池子过滤污水，并将这种池子称为滴滤池，将这种工艺称为滴滤。现在一般将这种水处理装置称为生物滤池。处理城市污水的第一座生物滤池建于 19 世纪 10 年代。同期，人们在实验室中注意到，污水中发育出来的污泥团对水中有机质有着强亲和性。它们可显著地提高 BOD_5 的去除率。人们后来将这种污泥称为活性污泥。并发明了活性污泥法污水处理技术。活性污泥法可以说是水污染控制技术的一项重大发现。该技术的出现为城市污水的处理和净化找到了一种既经济又高效的方法，开辟了人类污水处理与净化技术发展的一个新纪元。

活性污泥法诞生后的 80 多年中，其基础和应用研究受到广泛重视，研究成果不断出现。活性污泥法的基本工艺不断改进，新工艺流程和单元设备不断推出，系统运行的控制与管理不断趋于自动化。19 世纪 30 年代出现阶段曝气法，1939 年在美国纽约开始实际应用；40 年代提出修正曝气法；50 年代发明了吸附再生法和氧化沟法；60 年代研制出高效机械曝气机；70 年代产生了纯氧曝气法、深井曝气法、流动床法，并制造出商品化的纯氧曝气系统；80 年代应防治水体富营养化的需要，人们又推出了可以有效脱氮脱磷的污水浓度处理工艺"厌氧—好氧"活性污泥法。

活性污泥法水处理技术是一种高效经济的水处理技术。在污水生化处理技术中其效率最高，BOD_5 一般在 $10 \sim 20mg / L$，最佳的可达 $5 \sim 7mg / L$。由于活性污泥法能够有效地净化污水，确保良好的处理水质，因此成为世界上一种普遍采用的水污染控制技术。许多大型活性污泥法的城市污水处理厂、工业区污水处理厂在世界各地建成，污水厂的规模从每天可处理几百吨到几百万吨不等。活性污泥法可以说是二级污水处理的主要技术，是当今水污染控制技术的一根支柱，它在未来水资源再生利用中也将起重要作用。

二级生化水处理技术除了活性污泥法之外，还有厌氧生化处理技术，生物膜法水处理技术，如生物转盘，生物接触氧化池及前面提到的生物滤池等，它们在许多中小型工业企业水处理和城市污水处理中得到应用，发挥各自的作用。

目前，活性污泥法水处理技术正在向高新技术发展。人们正致力于不过多消耗能源、资源，不过分受水质水量变化和毒物影响，剩余污泥量少，能有效去除水中有机物和富营养化物质氮和磷，以及能去除更难分解的合成有机物，更加理想的活性污泥法技术。除了上面提到的厌氧—好氧式工艺外，正在研究开发的新型活性污泥法工艺还有间歇式工艺、高污泥浓度工艺、投加絮凝剂工艺、新型氧化沟工艺、微生物的固定化技术及与膜技术相结合的膜生物反应器工艺等。

总之，经过 100 年的发展，特别是近 30 年的发展，水污染控制技术已经系列化、系统化，已经有了从去除粗大颗粒物至溶解性杂质和离子的各种技术与方法。

第二节 水污染防治的基本途径和技术方法

废水也是一种水资源。废水中含有多种有用的物质，如果不经过处理就排放出去，不仅是水资源和其他资源的浪费，而且会污染环境。因此必须重视废水的处理和重复利用，以及废水中污染物质的回收利用。

一、污水处理的基本途径

控制污染物排放量及减少污染源排放的工业废水量是控制水体污染最关键的问题。根据国内外的经验，主要有以下几个方面的措施：

①改革生产工艺，推行清洁生产，尽量不用水或少用易产生污染的原料及生产工艺。如采用无水印染工艺代替有水印染工艺，可消除印染废水的排放。

②重复用水及循环用水，使废水排放量减至最少。重复用水，根据不同生产工艺对水质的不同要求，将甲工段排出的废水送往乙工段，将乙工段的废水排入丙工段，实现一水多用。

③回收有用物质，尽量使流失在废水中的原料或成品与水分离，既可减少生产成本、增加经济收益，又可降低废水中污染物质的浓度，或减轻污水处理的负担。

④合理利用水体的自净能力。在考虑控制水体污染的时候，必须同时考虑水体的自净能力，争取以较少的投资获得较好的水环境质量。以河流为例，河流的自净作用是指排入河流的污染物质浓度，在河水向下游流动中自然降低的现象。这种现象是由于污染物质进入河流后发生的一系列物理、化学、生物净化而形成的。利用水体的自净能力一定要经过科学的评价、合理的规划和严格的管理。

二、污水处理技术方法

污水的处理技术方法有以下三类：

①物理处理法，是借助于物理的作用从废水中截留和分离悬浮物的方法。根据物质作用的不同，又可分为重力分离法、离心分离法和筛滤截留法等。属于重力分离法的处理单元有：沉淀、上浮（气浮、浮选）等，相应使用的处理设备是沉砂池、沉淀池、除油池、气浮池及其附属装置等。离心分离法本身就是一种处理单元，使用的处理装置有离心分离机和水旋分离器等。筛选截留法有栅筛截留和过滤两种处理单元，前者使用的处理设备是格栅、筛网，后者使用的是砂滤池和微孔滤机等。

②化学处理法，是通过化学反应和传质作用来去除废水中呈溶解、胶体状态的污染物质或将其转化为无害物质的废水处理法。在化学处理法中，以投加药剂产生化学反应为基础的处理单元是混凝、中和、氧化还原等；而以传质作用为基础的处理单元则有萃取、汽提、吹脱、吸附、离子交换以及电渗析和反渗透等。

③生物处理法，是通过微生物的代谢作用，使废水中呈溶解、胶体以及微细悬浮状态的有机性污染物质，转化为稳定、无害的物质的废水处理法。根据微生物的作用的不同，生物处理法又可分为好氧生物处理法和厌氧生物处理法两种类型。

第三节　城市水污染控制技术与方法

城市水污染控制是水污染防治的一个重要内容。为谋求总体环境质量的改善而强化废水集中控制措施，是治理污染的必由之路，在城市水污染控制中，采取集中控制与分散治理相结合的方针，并逐步把集中控制和治理作为主要手段，是实施保护环境、控制污染的最佳途径之一。

城市水污染集中控制工程措施包括分散的点源治理措施，即集中控制措施要在一定的分散的基础上进行，将那些不适宜于集中控制的特殊污染废水处理好，污染集中控制措施才能达到事半功倍的效果。简而言之，工业废水的处理是进行城市污水集中处理的先决条件。所以城市污染集中控制应采取源内预处理、行业集中处理、企业联合处理、城市污水处理厂、土地处理系统、氧化塘、污水排江排海工程等多种工程措施。

一、源内预处理

保证污水集中控制工程的正常运转，必须对重金属废水、含难生物降解的有毒有机废水、放射性废水、强酸性废水、含有粗大漂浮物和悬浮物废水等进行源内重点处理，经源内预处理后，按允许排放标准排入城市排水管网或进入集中处理工程。

在城市废水中电镀、冶金、染料、玻璃、陶瓷等行业废水中含有一定量的重金属，这些污染物在环境中易积累，不能生物降解，对环境污染较为严重；化工、农药、肥料、制药、造纸、印染、制革等行业则排放有机污染废水，其废水中含有一定量的难生物降解的有毒有机物及金属污染物，它们对污水土地处理等集中控制工程的运转产生不利影响，易在生物、土壤、农作物中蓄积，对环境污染较严重。因此，对上述主要行业的废水应在源内进行预处理，再进入城市污水处理工程。另外，强酸性易腐蚀排水管道，而含粗大漂浮物和悬浮物废水可造成排水管网堵塞，所以这两种废水必须在源内进行处理后再排入排水管网或集中处理工程。

二、主要行业废水的集中控制

行业的废水性质相似，便于集中控制。

电镀废水是污染环境的主要污染源之一。中国电镀行业的工厂（点）比较分散，电镀厂（车间）多，布局不尽合理，因此对于电镀废水可采用压缩厂点、合并厂点、集中治理的措施。对于小型电镀厂可合并，使生产集中，废水排放集中，然后来用效率较高的处理设施，实行一定规模的集中处理，这样既可提高产品质量，又可减少分散治理的非点源污染，有较高的环境、经济效益。在一定区域范围内，根据污水的排量和组分，建设具有一定规模、类型不同的电镀污水处理厂，其可以是专业的也可以是综合的，以充分发挥处理厂的综合功能和效率。

纺织印染废水由于加工纤维原料、产品品种、加工工艺和加工方式不同，废水的性质与组成变化很大。其废水的特征是：碱度高、颜色深，含有大量的有机物与悬浮物以及有毒物质，其对环境危害极大。对小型纺织印染工厂可通过合并等，实行集中控制。根据纺织印染废水水质的特点，进行合并处理，可收到较好效果。如天津市绢麻纺织厂等 5 家同行业的小厂，共投资 112 万元，建成日处理水量为 6000t 的污水处理站，对 5 家企业排放的废水实行集中处理；丹东市印染污水联合处理厂，对由棉、丝绸、针织、印染等 6 个厂家排放的印染废水集中处理，都收到了较好的效果。

造纸行业主要污染物是 COD、SS 等，是中国污染最严重的行业之一，不仅污水量大、污染物浓度高，而且覆盖面广。目前在中国分散的造纸厂严重污染环境。国外生产实践表明，集中制浆，分散造纸是控制造纸行业水污染较成熟的方法。中小型造纸厂因为建碱回收系统投资巨大，经济效益较差，所以在国外都采用大规模集中制浆，造纸厂集中控制的第一步是上碱回收系统，即可减少环境污染，又在经济效益上取得一定成效。

废乳化液是机械行业废水中较突出的污染，虽然废乳化液问题不多，但是就全国目前来看，排放点多且面广，如果每个污染源都建处理设施则经济上不合算，技术上也得不到保证。采用集中控制措施对乳化液实行集中治理，把各企业的环保补助资金集中起来，是最佳处理措施，乳化液废水处理方法主要有电解法、磁分离法、超滤法、盐析法等。

三、废水的联合或分区集中处理

对于布局相邻或较近的企业，在其废水性质相接近的条件下，可采取联合集中处理方法。即将各企业的污染较大的水集中到一起进行处理。另外也可以在一个汇水区或工业小区内，将全部企业所排放的污染较大的废水集中在一起处理。除了企业间的废水联合或分区集中处理外，也可采取企业间废水的串用或套用，将一个企业排放的废水作为另一个企业的生产用水，这样既减少污水处理费用，又增加了水资源，缓解水资源紧张的矛盾。

四、城市污水处理厂

城市污水处理厂是集中处理城市污水保护环境的最主要措施和必然途径，城市污水的处理按处理程度可分为：一级处理、二级处理、三级处理。

污水一级处理。是城市污水处理的三个级别中的第一级，属于初级处理，也称预处理。主要采取过滤、沉淀等机械方法或简单化学方法对废水进行处理，以去除废水中悬浮或胶态物质，以及中和酸碱度，以减轻废水的腐化程度和后续处理的污染负荷。污水经过一级处理后，通常达不到有关排放标准或环境质量标准。所以一般都把一级处理作为预处理。城市污水经过一级处理后，一般可去除 BOD 和 SS25％～40％，但一般不能去除污水中呈溶解状态和呈胶体状态的有机物和氰化物、硫化物等有毒物。常用的一级处理方法有：筛选法、沉淀法、上浮法、预曝气体法。

污水二级处理，主要指生物处理。污水经过一级处理后进行二级处理，用于去除溶解性有机物，一般可以除去 90％左右的可被生物分解的有机物，除去 90％～95％的固体悬浮物。污水二级处理的工艺按 BOD 去除率可分为两类：一类为完全的二级处理，这一工艺可去除 BOD85％～90％，主要采用活性污泥法；另一类为不完全的二级处理，主要采用高负荷生物滤池等设施，其 BOD 去除率在 75% 左右。污水经过二级处理后，大部分可以达到排放标准，但很难去除污水中的重金属毒性和微生物难以降解的有机物。同时在处理过程中，常使处理水出现磷、氟富营养化现象，甚至有时还会含有病原体生物等。

三级处理，也称深度处理，是目前污水处理的最高级。主要是将二级处理后的污水，进一步用物理化学方法处理，主要除去可溶性无机物，难以生物降解的有机物、矿物质、病原体、氮磷和其他杂质。通过三级处理后的废水可达到工业用水或接近生活用水的水质标准。污水三级处理包括多个处理单元，即除磷、除氮、除有机物、除无机物、除病原体等。三级处理基建费和运行费都很高，约有相同规模二级处理厂的 2～3 倍。因此，三级处理受到经济承受能力的限制。是否进行污水三级处理，采取什么样的处理工艺流程，主要考虑经济条件、处理后污水的具体用途或去向。为了保护下游饮用水源或浴场不受污染，应采取除磷、防毒物、除病原体等处理单元过程，如只为防止受纳污水的水体富营养化，只要采用除磷和氯处理工艺就可以了；如果将处理后的废水直接作为城市饮用以外的生活用水，例如洗衣、清扫、冲洗厕所、喷洒街道和绿化等用水，则要求更多的处理单元过程。污水三级处理厂与相应的输配水管道组合起来，便成为城市的中水道系统。

城市污水处理厂处理深度取决于处理后污水的去向、污水利用情况、经济承受能力和地方水资源条件。如果废水只用于农灌，可只进行一级或二级处理，如果废水排入地面水体，则应依据地域水功能和水质保护目标，规划处理深度；对于水资源短缺，且有经济承受能力的城市可考虑三级处理。城市漏水处理厂规模的大小，可视资金条件、地理条件以及城市大小而决定，一般日处理量几万吨到几十万吨，大到几百万吨以上。

据有关资料统计，截止 1989 年底，全国各城市有城市污水处理厂的省和直辖市 21 个，设计处理能力达 550 万 t/d，处理普及率只达 5% 左右。这样小的污水处理能力，已远远不适应城市发展和保护环境的需要，与经济建设很不协调，这也是造成中国水污染环境的主要原因。因此控制城市水环境污染，建设城市污水处理系统，对于中国而言势在必行。

五、城市污水的自然处理技术

（一）污水氧化塘

利用氧化塘处理污水已有一百多年的历史。氧化塘主要利用水体的生物降解能力以及物理、化学等净化功能处理污水。污水中有机污染物由好氧菌氧化分解，或经厌氧微生物分解，使其浓度降低或转化成其他物质，实现水质的净化。在该过程中好氧微生物所需溶解氧主要由藻类通过光合作用提供，也可以通过人工作用充氧。

氧化塘处理污水最初完全是靠自然状态，即未经人工设计，例如中国南方农村，通常都将生活污水排入养鱼塘，塘内繁殖藻类，既养鱼又使水得到净化。随着经济的不断发展，城市生活和工业污水量不断增加，人们开始研究和设计氧化塘处理污水。如美国在 19 世纪 20 年代开始利用氧化塘处理污水，到 20 世纪 20 年代，氧化塘得到了大力发展，氧化塘个数已达 4000 多个，约占美国城市污水处理厂总数的 25%。加拿大在 20 世纪 70 年代也已建成 200 多个，印度则达到 4500 多个。最初，氧化塘主要为一级和二级处理，目前，欧美等国家已利用氧化塘进行三级处理，去除废水中残余 BOD、SS，同时杀死病原菌和去除污水处理厂很难去除的营养盐类。直至目前为止，世界上已有 40 多个国家应用氧化塘处理污水。利用氧化塘处理城镇污水、工业污水已成为污水集中处理的主要工程之一。

氧化塘处理以生物处理为主，所以凡是可以进行生物处理的污水均可采用氧化塘处理。对于含有重金属和难于生物降解污染物及有毒有害污染物的废水不能氧化塘处理。

氧化塘处理污水受自然环境和气候条件影响较大，它更适用于气候温暖、干燥、阳光充足的地区。在寒冷地区也可利用氧化塘，但处理效率受到一定影响。氧化塘占地面积较大，在有天然的洼地、湖泊、坑、塘、沟、河套等地区，可将其改造成氧化塘。氧化塘规模可大可小，小的每天可以处理几十吨废水，大的可达到日处理废水数十万吨，处理规模主要由地理条件所决定。

氧化塘较适合于低浓度的污染为主的废水的处理，尤其是在气候较为寒冷的地区，氧化塘污水负荷不宜太高，这时氧化塘处理废水主要靠自然净化，很少人工控制。为提高污水处理效率，在氧化塘设计中可增加人工控制措施，污水处理逐步由自然净化发展到半控制或全控制。

氧化塘污水处理效率主要受水温、水深（塘深）、水面面积、停留时间、污染负荷（COD、BOD_5 负荷）、藻类各类及数量、塘的底质等条件限制。不同地理环境、不同污水构成、不同污染负荷下氧化塘处理效率不同。

氧化塘既可以处理污水，又可以通过人工措施，从氧化塘中索取生物资源，利用氧化塘养鱼，处理后的污水用于农灌。这时则需要不同类型、不同功能的氧化塘系统组合，形成氧化塘污水处理系统或氧化塘生态系统。

氧化塘处理污水的基建投资、运转费用均低于同样处理效果的生物处理方法，同时其构造简单、维修和操作容易、管理方便，且可充分利用地理环境，净化后的废水可用于农灌、以及养鱼等。所以利用氧化塘处理污水可取得环境、经济、社会效益的统一。

（二）污水土地处理系统

污水的土地处理指有控制地将污水投配至土地表面，通过土壤—农作物系统中自然的物理过程、化学过程、生物过程，达到污水的处理和利用。

污水土地处理和氧化塘一样是一种古老的污水处理方法。在污水通过土壤—植物—水分复合系统的过程中，污水中的污染物经过土壤过滤、吸附、土壤中生物的吸收分解、植物的吸收净化等物理、化学和生物的综合作用而得到降解、转化。这样即使污水得到净化，防止环境污染，同时又利用了废水中的水肥资源，种植树林、草坪、芦苇、农作物等，进一步改善生态环境，取得较大的经济、环境、社会效益。

污水灌溉是最早的污水土地处理，最早的有文献记载的是德国本兹劳污灌系统。该系统从 1531 年开始投入运转，一共运行了 300 多年；苏格兰爱丁堡附近的一个污水灌溉系统在 1650 年左右开始运行。美国的污水土地处理系统历史悠久，但由于人们对污水处理技术不能全面理解等一系列原因，使土地处理系统发展并不顺利，到 20 世纪 60 年代末期，污水土地处理系统重新受到人们的重视，并对该处理方法进行了大量的研究。据统计，1964 年美国有 2200 个土地处理系统，到了 1985 年大约为 3400 个，占全部污水处理系统的 10%～20%。前苏联也十分重视土地处理系统，并具体规定，只有当没有条件实现利用自然进行生物净化时才能考虑人工生物处理，并要求在选择污水处理的方法和厂址时，首先考虑处理后出水用于农业灌溉。前苏联的污灌面积达 150hm^2 以上，年利用污水约 60 亿 t，相当于国家污水总量的 3.6%。澳大利亚目前已有 5% 的城市污水用土地处理系统处理，主要集中在维克多利州，其中最典型的是威里比牧场，已有 80 余年的历史，总面积为 1 万 hm^2，日处理污水量达 44 万 t。其他国家如日本、特别是干旱地区的以色列等国家也都在发展污水土地处理系统。

中国污水污灌也有很悠久的历史，据 1980 年统计，全国污灌面积为 33 万 hm^2 以上，1982 年已达到 140 万 hm^2。但对大部分地区讲，污灌的发展还是处于自流或半盲目状态，没有专门的管理机构，大部分污水未经适当处理，基本上是直接利用原污水灌溉。从全国各个主要污灌区的环境质量普查与评价结果来看，除个别污染较严重外，大部分灌区尚未发现严重污染问题。中国的污水灌溉取得了一定的经验和教训，国家在近几年来加强了该方面的研究，通过研究充分证实了土壤系统处理污水的有效性、实用性、可靠性。北京、天津、沈阳等地分别建立了快渗、漫流等日处理力为 100m^3 的实验工程。这对中国缺水干旱地区改善生态环境，有很大的推广应用价值。

污水土地处理系统之所以受到广泛重视，并作为处理城市污水的主要措施之一，主要是因为该方法既有效地净化污水，并可以回收和利用污水，充分利用废水的水肥资源，同时还具有能耗低、易管理、投资少、处理费用低等优点。一般污水土地处理系统其基建投资可比常规处理方法节约 30%～50%。目前中国正在筹建的污水土地处理工程有十余处，如新疆、吉林、山东等地，由此可见该污水处理技术在自然、土地条件具备的地方，大有发展前途。

（三）污水排江排海工程

沿海和沿江大水体城市的特殊条件，使得有条件积极探索利用江河和海洋的稀释自净能力来处理城市污水。污水排江排海工程可节约能源，降低日常运转费用，管理也较简便。目前中国的实际情况是，不少城市的污水直接向江河湖海岸边集中排放，污水在岸边水流缓慢累积、回荡，形成岸边污染带，污染和破坏了水生生物栖息地和城市的水源地，而水体或强水流的净化能力并未得到利用。因而急需在集中控制规划的合理安排下，采取多孔、深水或能进行有效稀释扩散的，有严格控制和预处理措施的水下排放、河中心排放等方式，以合理利用自然净化能力处理污水。中国深圳市通过严格论证，将城市生活污水直接排放海洋，该工程运行几年来，效果显著，每日排海水量 43.42 万 t，单位投资 393.22 元／（t·d），运行费 0.064 元／t。

中国有漫长的海岸线和长江等大水体，其沿岸城市又都是工业发达、人口密集的地区，排污量极大，因此推广污水排江排海，这对于加快城市污水治理，有十分重要的现实意义，但是污水排江排海工程必须严格控制，必须科学、合理、可行，必须在科学的研究论证基础上实施。

第四节 非点源污染控制技术与方法

湖泊非点源治理是一项系统工程，包括工程技术和管理措施，每个湖泊都应根据其特征，选择合理的技术方法，绝不能照搬其他湖泊的治理方法。这里我们对常用的技术方法作一介绍，并给出技术方法优化选择的原则与程序。非点源技术可分为工程技术与管理技术两大类。

这里，我们重点介绍几种非点源污染的控制技术方法。

一、农田径流污染控制技术

农田是湖泊流域内最主要的土地利用类型之一，通常分布于湖泊周围平原区和半山区，这些地区土壤状况良好，农业生产活动强烈，一般是流域内粮食生产基地。由于农业生产活动，农田区径流污染普遍较严重，尤其在我国南方地区，强烈的农业开发活动，导致农田区成为湖泊主要污染源，对湖泊富营养化、湖面萎缩、有毒有机物污染以及有机污染都有重要影响。总结我国湖泊流域农田污染的调查结果，其污染根源在于：

（1）化肥、农药的过量使用；

（2）化肥、农药的不合理使用方式，如喷洒等，

（3）有机肥使用比例下降，化肥使用比例上升，营养比例失调，土壤肥力下降导致化肥使用量上升，造成恶性循环；

（4）耕作强度大，土壤扰动强烈，地表土壤易受暴雨冲刷引起大量流失；

（5）粗放的生产活动引起水资源浪费和土壤肥料流失，加重了环境污染；

（6）土地防护措施少，易形成地表径流，造成水土流失；

（7）陡坡种植、竖起种植等不合理种植方式，加重了水土流失；

（8）土地利用规划不合理，污染重的农田区（比如蔬菜区）往往靠近湖岸，而污染轻的农田区（比如水田）往往靠近上游，加重了湖泊污染；

（9）管理落后，只重生产，不重农田环境管理，缺少管理措施。

农田径流污染问题已引起国内外的极大关注,污染控制技术方法有几十种之多,包括免耕法、退田还林还草法、轮作法、等高种植法等,有一些技术方法虽然污染控制效果较好,但牺牲土地,在人多地少的中国难以实施。根据我国国情,总结吸收国内外多年来的研究实践经验,我们归纳出四种不同技术方法,包括坡耕地改造技术、水土保持农业技术、农田田间污染控制工程技术以及农田少废管理技术,其技术特点和使用范围见表 6-1。

表 6-1 农田径流控制技术及其使用范围

技术名称	技术特点	适用范围	预期效益
坡耕地改造技术	①传统的水土保持技术 ②增加径流滞留时间 ③耕地结构变化 ④减少径流量,控制水土流失	①坡耕地 ②平原农田区,但效果不如坡耕地	①保水效益 ②减少肥料流失 ③粮食增产 ④有效减少氮、磷以及泥沙污染
水土保持农业生产技术	①与农业生产相结合,促进农业发展与控制农业污染相统一 ②耕作方式方法改革为主 ③工程措施与生物防治相结合	广大农业区	①粮食增产 ②保水效益 ③减工水土流失,有效控制氮磷污染
农田田间污染控制工程技术	①分布于田间 ②通过坑、塘、池等工程措施,增加径流滞留时间,减少径流冲刷和土壤流失 ③通过生物系统,拦截净化污染物	①平原旱地区 ②坡耕地 ③平原水田区,但效果不明显	①提高水资源循环利用率 ②减少氮、磷和泥沙污染
农田少废管理技术	①软管理技术 ②通过改变生产方式和科技进步,提高水肥利用率,减少污染	广大农业区	①提高劳动生产率 ②减少环境污染 ③社会经济效益明显

1.坡耕地改造技术

依据水土流失原理，通过减缓地面坡度和缩短坡长，可以有效地降低土壤流失和控制耕地污染。在耕地改造时，采取截流、导流以及生物防治措施，可以进一步地减轻耕地非点源污染，污染控制工艺流程可简化为如图 6-1 所示。

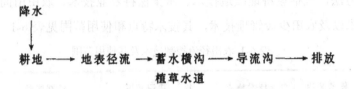

说明：①耕地改造后，径流量和土壤流失减少，非点源污染减轻；

②蓄水横沟中种草，减缓流速，减少冲刷，降低土壤流失，同时植物吸收部分溶解态氮、磷等污染物，进而降低污染。

③导流沟起疏导作用，减少径流对下游地表冲刷作用，减少污染。

图 6-1

耕地改造工程主要包括坡面水系整治和坡改梯两种类型。

（1）坡面水系整治：在坡耕地上建立相互配套的防洪、灌溉和蓄水、排水系统，因地制宜开挖排洪沟，顺坡直沟改为截流横沟，减少冲刷。并且与坡改梯、田间工程相结合，减少径流量和坡长，有效控制水土流失。

（2）坡改梯：将坡耕地改造成梯地和梯田，减缓坡度和坡长，从而减轻水土流失。梯田可分为水平梯田、斜坡梯田和隔坡梯田等几种。

坡耕地改造主要包括以下工程内容：蓄水横沟、导流沟、整地工程和田坎。

2.水土保持农业技术

我国是传统农业国，人们在长期生产实践中摸索建立了一套水土保持农业技术，对保护耕地资源发挥着十分重要的作用。同时，传统的水土保持农业技术对农田非点源污染控制也是适用的，无论过去、现在还是将来，水土保持农业技术对控制湖泊污染都起着十分重要的作用，这里仅作简要的介绍。

（1）等高耕作：又称横坡耕作，即沿等高线、垂直坡向进行横向耕作，由于横向犁沟阻滞了径流，起到了拦蓄径流和增加入渗的作用。采取横坡垄作种植，沿等高线开挖成能走水，但不冲土的横行、横厢、横带进行耕作种植，起到了较好的蓄水、保土和增产的作用。据内江和遂宁水保站的资料：在同样降雨条件下，横坡比顺坡种植多拦蓄降雨 12.3～65.7mm，减少坡面径流量约 29％、土壤侵蚀量 79％；增产 20.9％～70％。

（2）沟垄耕作：在坡耕地上，沿等高线将地面耕成有沟有垄的形式，以阻滞、拦蓄径流和泥沙。我国已发展了十余种沟垄耕作形式。

（3）间作、套种和混播：间作两种以上的作物，按深、浅根，高、低杆，先、后熟，疏、密生等特性配置起来，以一行间一行，或几行相间等形式种植。

套种是先种某种作物，等其生长一段时间后，再在其行、株间套种上另外的作物，以充分利用地力和空间，从而获得较高的收成。

混种是将两种以上的作物混种在一起。

间作、套种和混播，既是增产措施，又能延长植被覆盖时间，增加植被覆盖率，起到水土保持的作用。

（4）改良轮作制度和草田轮作：为使水土保持与增产措施结合起来，可以采取改良轮作和草田轮作制度。

此外，尚有"等高带状间（轮）作"和"等高草田间（轮）作"。即在坡耕地上沿等高线以适当的间距，划成若干等高条带，按条带实行间作和轮作，其中如加进牧草条带，增产和拦蓄效果也很明显。

（5）深耕、中耕或少耕、免耕，收割留茬：深耕、中耕能增加地面土壤的疏松层，从而提高土壤的入渗率和入渗速度，减少坡面径流和面蚀。相反，国内外有些地区，却采用少耕和免耕，减少疏松土壤土壤层的形成，以控制水土流失，或采用收割留茬，在收割时留下较高的根茬，以控制、减轻面蚀和风蚀。

（6）增施肥料，改良土壤：增加有机肥料，可以促进土壤的发育，增加团粒结构，提高土壤的抗蚀能力。据试验：在同等条件下，无团粒结构的土壤，70％的雨水形成坡面径流，而在团粒结构较好的土壤上，只有 20％的雨水形成径流。

（7）挑沙面土：即把流失到沙沟、沙凼的泥沙，利用农闲季节清淤整治，再挑到地里，增厚土层，以维持和提高土地的再生产能力。

3.农田田间控制技术

径流是农田污染物的载体，减少径流排放必将减轻农田对湖泊的污染。来自农田污染物以溶解态和颗粒态两种形态存在，通过增加滞留时间，颗粒态污染物会沉降得使径流得到净化；同时田间生长着大量植被，会吸收氮、磷等污染物，也可以使污染物去除。农田径流污染还来自径流的冲刷作用，一旦径流得到缓冲和控制，冲刷作用会减弱，污染也会减轻。鉴于以上分析，我们可以利用农田田间的有效空间进行农田污染控制，其工艺流程如下：

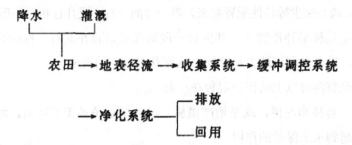

农田田间控制包括三个子系统：

收集系统：主要有田间渠道、田间坑、塘等。

缓冲调控系统：主要包括闸门、渠道、田间坑、塘等。

净化系统：主要有渠道沉砂池、田间坑、塘以及其中的生物，如草、水生植物等。

二、农村村落污染控制技术

农村村落污染主要来自两方面，一是村落废水，包括生活污水和地表径流；二是农村固体废弃物，包括生活垃圾、农业生产废弃物。

1.村落污水处理

在中国广大农村地区，村落废水收集系统不很完善，有的村落根本没有管网系统，污水四处流淌，有收集系统的村落，大部分是明渠，渠道淤积堵塞严重，雨季污水仍四处流淌。废水不能有益收集，就难以进行有效控制。根据中国农村经济状况，我们认为农村村落废水适合采用合流制暗渠收集，该系统具有投资少，易于管理，环境影响小等优点，对于经济较发达地区农村，也可以采用合流制暗管，甚至分流制收集系统。

村落废水以生活污水为主，主要污染物是 CODcr、BOD5、TN、TP、Tss 等，可供选择的处理工艺较多，如活性污泥法、A2／0法、A／0法、氧化沟以及土地处理等。中国农村经济水平差异较大，不可能采用同一处理工艺，考虑投资、占地、运行维护难度、运行费用以及水质要求等方面，我们归纳出低、中、高三种处理工艺，其特点和适用范围见表 6-2。

表 6-2 村落废水处理工艺及适用范围

处理深度	工艺名称	工艺特点	适用范围
一级	沉砂后回用	投资少,运行费低,管理简单,以去除颗粒态污染物为主	经济落后,远离湖滨区
一级半	沉砂＋自然处理＋回用	投资少,占用土地,运行费低,管理简单,效果较好	有可利用土地,经济落后,非湖滨区
二级	二级处理并脱氮除磷排放	投资高,运行费高,管理复杂效果好	湖滨直排区,经济发达地区

2.固体废物处理技术

在目前众多的垃圾固体废物处理技术中主要有以下四种：卫生填埋、堆肥（好氧发酵）、沼气（厌氧发酵）、焚烧。

（1）堆肥：堆肥是利用微生物降解垃圾中有机物的代谢过程，垃圾中的有机物经高温过程分解后成为稳定的有机残渣。当垃圾中有机物含量大于15％时，堆肥处理可使垃圾达到无害化、减量化的目的，一般在堆肥过程中，当垃圾经历 55℃以上主高温一段时间后，便可达到无害化目的，同时，有机物经过生物氧化过程，可减容 1／4～1／3 而实现减量化。

垃圾堆肥可用于农业生产，以增加土壤有机质含量，因此垃圾堆肥法的资源化效益很显著，但堆肥要求垃圾中有机质量高，重金属含量低，另外堆肥中氮、磷、钾等营养元素含量远低于化肥，但重量却很大。

（2）厌氧发酵法：厌氧发酵法是使有机物在厌氧环境中，通过微生物发酵作用，产生可燃烧气体——沼气，将有机物转化为能源，可用作生活燃料，同时沼水和沼渣是优质肥料，该方法使有机物充分资源化。发酵原料以人、畜、禽粪便为主。该方法具有废物资源化、管理方便、投资少、容易操作等优点，适用于广大农村地区。

（3）卫生填埋：就是将垃圾放于封闭系统中，使之与周围环境隔断，从而避免对环境影响的一种方法，该方法具有处理费用低，处理量大，抗冲击负荷能力强，技术设备简单等优点，而且处理适当时还可产生沼气，回收能源。另外，该方法是堆肥和焚烧的最终处理途径，所以卫生填埋目前在世界各国被广泛采用，特别是在经济能力有限时，这种方法更为适用。但卫生填埋要达到无害化要求，必须采用严格的操作程序和技术方法，使用不当时，很容易造成地下水污染。另外，在目前土地资源紧缺的情况下，白白地占用土地也很可惜，所以在填埋结束后，要尽快进行生态恢复。

（4）焚烧：焚烧是指垃圾中热值较高时，其中的可燃成分在高温下历经燃烧反应，使垃圾中各可燃成分充分氧化的一种方法。该方法因燃烧温度高，固相物消耗大，所以燃后残渣的化学、生物稳定性极高，无害化较彻底，而且燃烧后残渣的重量为原生垃圾的 10％左右，减量效果很好，因此该方法为许多发达国家所广泛使用。但焚烧法投资费用较高，一般地区难以承受，另外，焚烧易造成大气环境的二次污染。

农村垃圾与固体废弃物不可能收集后焚烧，一方面投资大，管理难，另一方面不适合农村实际情况，浪费宝贵有机肥料。卫生填埋也不可行，集中填埋造成运输困难和有机肥料浪费，长期以来农村地区一直把分散填埋作为处理固体废弃物手段之一，随着土地资源日益缺乏，适当填埋场地越来越难寻找，若简单堆存填埋，将造成严重的环境污染，这种处理方法产生的环境影响在中国广大农村已经存在并且日益严重。农村垃圾与固体废弃物中除含有渣土外，还含有大量的有机组分，如食品、蔬菜叶、植物残枝落叶等，可以通过回收处理，变废为宝，生产沼气和肥料，满足居民生活和生态农业对有机肥日益增长的需求。因此，堆肥和沼气工程是处理农村固体废弃物的最佳途径，并且技术成熟，市场前景好。

堆肥目前多采用好氧工艺，根据出料周期长短及机械化程度低等，好氧堆肥又为短期机械化堆肥和简易堆肥，各具特点。沼气处理方程是厌氧发酵工艺，目前多采用电流布料沼气池，三种处理技术特征及适用范围见表6-3。

表 6-3 农村固废处理技术特征及使用范围

	短期堆肥	简易堆肥	沼 气
工艺性质	生物好氧分解	生物好氧分解	生物厌氧发酵
生产方式	连续	间歇	连续
主要产品	有机肥	有机肥	沼气以及沼渣、沼水
处理方式	集中	集中	分散或集中
资源化效果	好	好	好
环境效益	可能存在影响	可能存在影响	基本没有环境影响
适用范围	经常需要有机肥的地区,如菜区	广大农村地区	广大农村地区,尤其是能源影响的山区、半山区

三、强侵蚀区污染控制技术

强侵蚀区指土壤侵蚀度在中度（含中度）以上，侵蚀模数大于 2500t /km² · a，侵蚀速率大于 2mm / a 的区域，通常表现为地表覆盖率低，地表裸露，甚至表现出土壤明显迁移特征，如冲沟发育、山体滑坡、泥石流频发等。除自然因素外、人类活动形成的强侵蚀区也相当多，在许多湖泊流域，如滇池流域、洱海流域，人类开发活动已成为强侵蚀区产生的主要因素，并且人为造成的强侵蚀区面积不断扩大。人为强侵蚀区通常与森林过度砍伐、矿山开发、工程建设、放牧过度、耕作过度等无度生产活动有关，也与管理不善等因素有关。无论自然还是人为因素，生态系统破坏都是导致强侵蚀区存在的根本原因。

1.强侵蚀区污染控制主要内容

（1）地表防护，减轻降雨击溅侵蚀污染：降雨产生的击溅侵蚀是土壤侵蚀的主要形式之一。降雨雨滴对地面有击溅作用，凡裸露的地表受较大雨滴打击时，土壤结构即遭破坏，土粒被溅散，溅起的土粒随机发生移动，其中部分土粒随径流而流失，产生所谓雨滴击溅侵蚀，这种侵蚀除迁移走土粒外，对地表土壤物理性状也有破坏作用，使土壤表面形成泥沙浆薄膜，堵塞土壤孔隙。阻止雨击雨滴就不会直接击溅地表而产生溅侵蚀，因此利用击溅侵蚀发生机理，采取地表防护措施，可以控制侵蚀污染。

（2）控制径流冲刷侵蚀污染：降雨形成地表径流，最初水层薄，流速慢，呈漫流状态，冲刷力弱，对土壤冲刷侵蚀作用弱，但随着径流坡长增加，水层加厚，流速加快，受地表植被覆盖不同、地表不均、土壤结构不同等因素影响，逐渐形成线状侵蚀流，冲刷逐渐增强，对土壤冲刷侵蚀作用逐渐加强，在径流流经区形成明显的土壤侵蚀现象，径流侵蚀作用是导致冲沟发育、泥石流以及滑坡等发生的直接原因。通过采取缩短径流坡长，疏导以及拦截等措施，可以减轻径流对下游地表冲刷作用，进而控制径流侵蚀，利用这一原理，可以有效控制强侵蚀区污染。

（3）恢复生态系统，控制污染：强侵蚀区产生根源在于区域生态系统受到破坏，采取工程的或非工程的生态恢复措施，才能从根本上控制强侵蚀区污染，因此必须利用生态学原理治理强侵蚀区污染。

2.强侵蚀区污染控制基本原则

（1）必须遵守"标本兼治"的原则，控制水土流失，减少非点源污染是治标，恢复区域生态系统良性循环是治本。

（2）坚持"生物防治与工程治理"相结合原则，利用土石工程措施见效快的特点，稳定和控制侵蚀强度的增加，采取生物工程措施逐步控制污染，二者有时是密不可分的。

（3）坚持"治理与管理"相结合的原则，在治理同时加强管理，加快生态恢复速度。

（4）坚持"治理与开发"相结合的原则，在强侵蚀区污染控制时制订长远开发规划，治理与开发相结合，提高治理效益，促进治理工作的开展。

3.强侵蚀区污染控制工程技术

根据工程性质和工程对象不同，强侵蚀区污染控制工程技术主要有坡面工程技术、梯田工程技术和沟道工程技术，下面分别进行介绍。

（1）坡面工程技术：坡面工程技术主要适用于山地和丘陵的坡地区，主要技术措施有：梯田（地）、截流沟、拦沙档、卧牛坑、蓄水池以及鱼鳞坑。

坡面工程主要作用是蓄水保土，增加土壤入渗时间，减少径流量和减缓地表径流速度，有效防止和减少水流对土壤的冲刷能力。

（2）梯田（地）工程技术：梯田是治理山丘坡地水土流失的重要工程措施，也是防治强侵蚀区非点源污染的最主要技术手段之一。按垂直地面等高线方向的断面分，梯田有三种形式，即水平梯田、斜坡梯田和隔坡梯田。

按田坎建筑材料划分，梯田有两种形式，土坎梯田和石坎梯田。

按种植物种类划分，梯田有多种形式，如：水稻梯田、旱作梯田和造林梯田。

无论梯田是何种形式，都具有切断坡面径流，降低流速，增加水分入渗量等保水保土作用。

（3）沟道工程技术：强侵蚀区一般都不同程度地存在着冲沟，沟道治理是强侵蚀区污染控制的重要组成部分。沟道治理须从上游入手，通过截、蓄、导、排等工程措施，减少坡面径流，避免沟道冲宽和下切，须坡、沟兼治。沟道治理时，首先合理安排坡面工程拦蓄径流，对于不能拦蓄的径流，通过截流沟导引至坑塘等处，治坡不能完全控制径流时，需进行治沟，在沟道上游修建沟头防护工程，防止沟头继续向上发展。在侵蚀沟内分段修建谷坊，逐级蓄水拦沙，固定沟床和坡脚，抬高侵蚀基准面。在支沟汇集侵蚀区总出口，合理安排拦砂坝或淤地坝，控制径流对下游的冲击影响。沟道工程从上游至下游，可划分成三种类型，即沟头防护工程、谷场工程和拦沙坝（或淤地坝）。

沟头防护工程包括：撇水沟、天沟、跌水工程以及陡坡工程。

谷坊工程分为土谷坊、石谷坊、柴梢谷坊和混凝土（或钢筋混凝土）谷坊四种类型。也可分为过水谷坊和不过水谷坊两类。

拦沙坝由坝体、溢洪道和泄水工程等三部分组成，有土坝和砌石拱坝两种主要形式。

除一般侵蚀外，强侵蚀区还存在特殊的侵蚀形式，如崩岗、泥石流等。在治理时采用的工程技术有所不同，如崩岗整治时，除采取沟头防护、谷坊工程外，还需采取削坡、护岸固坡、固脚护坡以及内外绿化等技术；泥石流治理时需增加停淤场、拦挡坝（由坝体、消力池和截水墙组成）以及护坡等，同时工程抗冲击强有较高的技术要求。

因此，在进行强侵蚀区治理时，应掌握侵蚀特征，针对不同侵蚀状况采取不同的工程对策。

4.强侵蚀区污染控制生物防治技术

生物防治是控制强侵蚀区污染的重要技术手段，也是区域生态系统恢复良性循环的基础。在生物防治中有以下技术要点：

①以当地生态特征为基础，设计出优化的生态系统，逐步实施；

②生物防治时，应谨慎引进外地生物种，以种植本地优化物种为主；

③除强调水土保持作用外，还应注重生物种的经济价值，生物防治与发展经济相结合；

④工程治理和生物防治是密切相关的，有时是二者缺一不可的，在实施综合治理时，应很好掌握生物体系建立的时机，才能使工程治理和生物防治均能发挥最佳效益。

主要生物技术包括：

（1）自然恢复：指通过加强管理，实行封山措施，依靠生态系统的自然恢复能力来恢复强侵蚀区生态系统良性循环，进而控制污染。这种方法一般仅适用于过度放牧、过度砍伐森林、过度耕作等不合理人为活动形成的强侵蚀区，对于已经严重侵蚀，甚至出现冲沟、崩岗和泥石流等侵蚀区是不适用的。

（2）人工恢复：指通过人工植树种草等措施来恢复强侵蚀区生态环境的方法，适用范围广，见效快，并且可使生态系统得到优化，也可以实现社会经济和生态效益的统一。

从另一角度看，生物防护技术也可以分为五种类型，即林业措施、种草措施、农林结合措施、林草结合措施以及农林牧结合措施，介绍如下：

（1）林业措施。森林具有涵养水源，保持水土，调节气候，降低风速等作用，同时也具有较高经济价值。林业措施是控制强侵蚀区污染的有效措施，具有较好的社会经济和生态效益。

①林料及其配置。

水土保持林是按一定的林种组成，一定的林分结构和一定的形式（片状、块状、带状等），配置在水土流失地区地貌部位上的林分，根据其配置的地形地貌条件和所具有的不同防护目的及特定的作用，水土保持林可分为若干个林种，如分水岭防护林、坡面防护林、水源涵养林、侵蚀沟防护林、护岸护滩林、塘库周围防护林、防风固沙林等。

水土保持林的配置，除遵循"因地制宜，因害设防"的基本原则外，在林种配置形式上，要实行乔、灌、草结合，网、带、片结合，用材林、经济林和防护林相结合，远近兼顾，长短结合，以最小的林地面积达到最大的防护效果和经济效益。具体来说：

●丘陵山区的分水岭应沿分水岭走向设置分水岭防护林；水土流失严重的秃山和陡坡，呈块状、片状或带状营造护坡林；退耕还林的陡坡地，是大量营造护坡林的重点。

●河流两岸和水库周围，应布设护岸林；上游集水区内应营造水源涵养林。

●在各种形式侵蚀沟的沟头、沟坡和沟底都应设置侵蚀沟防护林，以制止沟头前进、沟岸扩张和沟底下切。

●风蚀严重的地区应大力营造防风固沙林；平原区应营造农田防护林。

●为了增加经济收入，在土质较好，背风向阳的坡上，应积极发展果树、木本粮油树和其他经济树种。

②营造技术。

A.适地适树。所谓适地适树，就是把选择好的树种栽植在适于它生长地方。正确地划分立地条件类型，根据立地条件类型选择适于这一条件下生长发育的林种、树种及相应的造林技术措施，是十分重要的。这是造林工作的一项基本原则。

B.造林整地是造林前改善土壤环境条件的一道重要工序，也是造林技术的主要组成部分。整地质量在很大程度上决定造林成活率高低和幼树生长的快慢。造林整地除了改善立地条件，提高造林成活率外，兼有保持水土，减免土壤侵蚀的作用。

C.树种选择。营造水土保持林，主要是为了防治土壤侵蚀，改善生态环境，同时获得较高的经济效益。为此，作为水土保持林的树种选择，总的要求有以下几点：

●生长迅速，枝叶繁茂，郁闭较快，落叶多，易分解，可提高蓄水保水能力。

●根系发达，能盘结和固持土壤，有利提高土壤的抗蚀、抗冲能力。

●抗逆性强，具有耐寒、耐旱、耐瘠、抗病虫害的特点。

●用途较广，具有较高的经济价值

●繁殖容易，栽培技术简单。

此外，不同林种对造林树种还有一些要求。如水土保持用材林，要选择速生、丰产、优质的树种；农田防护林要选择抗风力强、不易倾倒的树种；防风固沙林的树种则要求根系统伸展广，根蘖性强，耐风吹沙埋，有生长不定根的能力等。

D.造林方法。水土保持的营造方法分直播造林、移苗造林、分殖造林和封山育林4种。

直播造林：又称播种造林，是将树木种子直接播种在造林地上进行造林的方法。适用于种子粒大，容易发芽，种源充足的树种，如栎类、核桃、油茶等。直播造林又分撒播、条播和穴播，以及飞机播种造林等。这种造林方法省工、省钱、但种子耗量大。

移苗造林：又称栽植造林，是用育出来的苗木移植到造林地上进行造林的方法。这种造林方法省种子，幼林郁闭较快，受树种造林立地条件限制较少。因此，它是普遍采用而行之有效的造林方法。移苗造林，选择适宜的苗木苗龄十分重要、过大过小成活率都低。根据经验，针叶树以 2 年生的苗木栽植为好，阔叶树种速生的可用 1 年生苗木，生长慢的可选用 2 年生苗木，灌木树种苗龄可适当大些。

分殖造林：又称分生造林，是利用树木的营养器官〔干、枝、根、地下茎等）作为造林材料进行无性繁殖直接造林的方法。分殖造林按所用树木营养器官的部位和繁殖的具体方法，又分为播条、播干、压条、埋干、分根、分墩、分蘖和地下茎等方法。采用分殖造林的树种，应具有发根力强，萌芽力高的特征，如北方的杨、柳树，南方的杉木、竹类等。

封山育林：是指在自然条件较好的荒山地区，有计划地将部分山地封禁起来，依靠自然和人工造恢复森林植被的方法，它也是营造水土保持林的有效方法之一，在北方和南方山区皆可采用。

（2）植草措施。植草具有保持水土，改良土壤的作用，可以放牧，产生经济效益。

水土保持种草，应该选择那些耐旱、耐瘠、抗逆性强的草种，适宜在水土流失地区种植的草种有苜蓿、草木犀、沙打旺、黄花菜、毛苕草、苏丹草、油沙草等。这些草地上部分生长迅速、繁茂，地下部分根系发达，是保持水土较理想的草种，同时又是绿肥和饲料。

植草和种地一样，一般情况下，要掌握好整地、播种、管理和收获等环节，才能获得高产。

整地：播前整地要求整平耙细，蓄水保墒，达到一次播种保全苗。在荒山荒坡荒沟种草，宜用免耕法整地，即在秋后用火烧掉原来的杂草植被，春天耙茬播种，不翻动土层，避免苗期水土流失，有利于蓄水保墒保全苗。

播种：分直播、栽植两种方法。直播就是把种子直接播在土壤中，因播种方式不同，又可分为撒播、点播、条播和飞机播种。草木犀、苜蓿、毛苕子等草种，可将种子均匀地撒播在整好的地上，用碾压方法进行覆土。在陡坡上种草，宜采用点播播种。油沙草、沙打旺等草种适宜采用条播方法。大面积种草，飞机撒种是行之有效的方法。在一些气候、土壤等条件不利于直播种草的情况下，可采用栽植种草。

管理：出苗后要及时松土、锄掉杂草，有条件的地方还应追肥、灌水，以获得高产。

收割：是种草技术中一个重要环节。根据不同草类的生理特点适时收获，不但产草量高，营养物质含量丰富，而且再生能力强。一般来说，禾本科草在抽穗前期，豆科草在开花初期，是产草量最高、草质最好的收割期。对再生芽由茎部萌发的草类，如草木犀等，留茬要高，一般以 $10\sim15cm$ 为好，以便留下较多再生腋芽，保持持续高产。

（3）农林结合措施。是人类模仿自然生态系统而建立起来的农林相结合的复合人工生态系统，具有复合性、整体性和集约性三个特征。

农林结合措施具有农业措施和林业措施双重作用，一方面提高了污染控制能力，另一方面优化了生态系统结构，增加生态系统的经济价值，是控制强侵蚀区污染，促进农村（尤其是山区、半山区）经济发展的有效途径。

（4）林草结合措施。优化选择具有较强拦砂作用的草种，建立草滤带，控制土壤迁移，也可利用适生草种尽快增加地表覆盖率，减少土壤流失。土壤稍有稳定后，即可种植树木，加强水土保持效果，逐步建立林草复合的生物防护体系，非常适宜于矿山采空区的生态恢复，若与工程治理相结合，会产生更加显著的效果。林草复合系统源于自然，具有较好稳定性。

（5）此外还有农林牧结合措施等综合生物防治技术，也具有较好的社会经济和生态环境效益，可以根据治理和开发需求，因地制宜地建立优化的生态系统。

四、生态工程技术

生态工程是根据生态系统中物种共生、物质循环再生等原理设计的多层分组利用的生产工艺，也是一种根据经济生态学原理和系统工程的优化方法而设计的能够使人类社会、自然环境均能受益的新型的生产实践模式。费用低、污染少、资源能充分利用是生态工程的最大特点。生态工程设计的指导思想：强化第一性生产者，生态学阐明第一性生产者是绿色植物，要发展生产，振兴经济，改善不良生态环境，必须首先种草种树，增加植被覆盖，从根本上改变旧的、落后的生态系统模式；生态环境协调统一，生态学阐明环境适应性原理，根据各地地形，水土资源在三维空间的分布规律与其二者的和谐性，坚持因地制宜，合理配置；生态系统总体最优，采用系统工程学中的优化方法，建立线性规划数学模型，确定保证方案总体最优。

生态系统是生物与环境的综合体，所以我们在进行生态工程系统设计时应注意生物物种的配置结构、时空结构和营养结构。

物种配置结构是指生态系统中不同物种、类型、品种以及它们之间不同的量比关系所构成的系统结构。

时空结构是指生物各个种群在空间上和时间上的不同配置，包括水平分布上的镶嵌性和垂直分布的成层性以及时间上的演替性。

营养结构是指生态系统中生物与生物之间、生产者、消费者和分解者之间以食物营养为纽带所形成的食物链与食物网，其构成物质循环与能量转化的重要途径。

在湖泊非点源污染中，来自湖泊防护带的农业非点源污染尤为严重。一方面，农业生产活动频繁，人口密集，污染物流失严重；另一方面，污染物输送过程短，直接对湖泊构成威胁。根据湖泊小流域生态系统的结构与功能，结合各地自然环境、生产技术和社会需要，我们可以设计出多种生态工程体系，以建立适合我国国情，促进防护带农业持续发展，又能有效控制污染物流失的防护带农业模式，保护湖泊生态环境。以下简述几种根据生态学基本原理构建的较典型的生态农业模式，以供在具体运用时作为参考：

1.物质循环利用的生态农业系统

在农村居民生活区，污染源主要来自于居民生活垃圾及家禽、家畜产生的废物垃圾。根据这个具体情况，我们可以模拟生态系统中的食物链结构，设计出一种物质的良性循环多级利用，使一个系统的产出（废弃物）是另一个系统的投入，废弃物在生产过程中得到再次或多次利用，形成一种稳定的物质良性循环系统，充分地利用自然资源，以尽可能少的投入争取尽可能多的产出，同时又可以防止环境污染。在这个思想指导下，我们可以建立以农户为单位的家庭生态系统小循环和以村落为单位的全村总体型生态大循环。

（1）家庭生态系统小循环：以一家一户为单位，综合利用家庭内产生的有机废料，并实现其循环利用。如沼气池建于屋前，与厕所和猪圈相邻，猪圈分为上下两层，上层养鸡或兔，下层养猪，猪圈和厕所均与沼气池相通，沼气池上盖有塑料棚，既可增加沼气池的温度，延长产气时间，又可在棚内养花种菜。鸡或兔粪作为猪饲料通过隔板进入猪圈，猪粪和厕所的粪便流入沼气池，并与农作物废料混合厌氧发酵，产生沼气，沼气又可供做饭、照明，节约能源，沼气渣与沼气液又是蔬菜和花草的肥料，花草草茎又可喂鸡或兔，构成一个"鸡（兔）猪沼气蔬菜（花）"的循环多级利用系统。

（2）全村总体型生态大循环：以全村农、林、牧、副、渔多种经营为基础，调整产业结构，改变过去以种植业为主的单一的生产结构和生态循环关系，形成多种物质的立体网络结构，使整个生态系统物质多次利用，循环利用，废物不废，变废为宝，各生产相互依存，相互促进，形成一个良性循环的有机整体；粮食加工的米糠、麸皮及农作物秸秆，作为饲料送至畜牧场，牲畜粪便和部分作物秸秆进入沼气池，产生沼气供农民作为生活燃料，沼气渣和沼气液一部分送至鱼塘养鱼，一部分送至大棚作肥料，此外，沼气渣还加工成鱼饲料，鱼塘的底泥又是农田、果园的肥料。这种通过对有机废料的综合循环利用，提高了能源的利用率，减少了对系统外部能源的需求，促进了系统内生产的发展，增加了经济效益，同时还为系统提供了大量有机肥料，大大节省了化肥施用量，这样不仅节省了开支，而且有利于土壤的改良，降低了污染，净化了环境，也降低了发病率。

2.生物立体共生的生态农业系统

在平原农业建设过程中，我们可以运用生物最佳空间组合的工程技术，也即农业的立体种植、养殖技术，进行生态农业的构建。

（1）立体种植模式：模拟森林生态系统对光能多层次的利用，可以进行农作物的间作、套作和轮作技术，这也是我国的传统农业模式，应用较为普遍。下面着重谈一下林粮间作技术。

林粮间作技术主要指粮食作物和经济林木、果树之间的空间技术组合，如：泡桐—旱粮作物间作，主要应用于中国北部的半干旱地区；水杉（或池杉）—水稻等作物间作主要应用于南方水稻种植区；果树—旱粮、果树—蔬菜等作物间作，主要应用于平原果园地区。

在具体操作时，也可采用农田林网模式，以渠道划区，以绿化分片，以果林防风，形成多树种、多层次的农田林网立体结构。

（2）立体养殖模式：一般有两种。

陆地立体圈养模式：这是一种充分利用空间，节约围棚材料并利用废弃物而设计的空间共生立体养殖。如：蜂桶（上层）—鸡舍（中层）—猪圈（下层）—蚯蚓池（底层），适用于家庭生态户；鸡舍（上层）—猪舍（中层）—鱼池（底层），亦适用于家庭或集体小农场。

水体立体养殖模式：这是一种为充分利用水体空间和营养、溶解氧等而设计的一种空间配置方式，常见的组合有：鲢鱼（上层）—草鱼（中层）—青鱼（下层），鸭（上层）—鱼（中层）—珠蚌（下层）。

（3）种养结合的立体农业模式：这是一种以生物之间食物及共生互利关系为基础，将植物栽培和动物养殖按一定的方式在一定空间进行配置的生产结构，如在鱼池生态系统中我们可以设计稻—萍—鱼，稻—鸭—鱼等模式。一般上层的植物为下层动、植物提供较为隐蔽的条件和适宜栖息的生存环境，下层放养的生物可以清除作物群落下层的杂草和害虫，促进上层植物的生长，同时下层的植物或动物粪便给底层水体中的鱼类提供了饵料，而鱼类的活动又增加了水体溶解氧，可促进作物根部的通透性。

3.主要因子调控的生态农业系统

在一些山地、丘陵地带，水土流失已成为该地区影响农业生产的主要原因。生态平衡破坏，地表径流污染物流失，从而加重湖泊污染。目前，在我国部分农村适于水土流治理的技术不外乎两类：一种是采用工程技术，如修建梯田，在梯田上种树或种植农作物，此外，修建水平阶、水平沟和鱼鳞坑，有些地方还修建谷坊，治理沟槽水土流失；另一种方法是，即本章着重讲的生态工程方法，通过对主要生态因子进行调控达到治理的目的，也就是采用种植生物的技术，植树育草，利用多样性的乡土树种建立水源涵养林、护坡林、护堤林、护岸林等。在适种坡地实行林粮间作，粮草间作和林草间作。在坡度低于 25 度的山坡坡面，则宜采取草田带状轮作技术。重点建生态小区，根据区内自然环境状况，为保持水土，开展多种经营，走工、农、商一体化道路，科学规划，将种植与土壤改良，水土保持接合起来。以绿化分片，以果树防风，形成一个立体型、多样化、多功能、商品化的生态农业小区。

4.区域整体性规划的生态农业系统

主要建设农、林、牧、渔联合生产系统，逐渐形成种植、养殖、加工配套，农、林、牧、渔各业合理规划、全面发展的综合生态工程。要求根据各地自然资源特点，发挥资源优势，以一产业为主，带动其他产业发展，对农村环境进行综合治理，使生态环境的改善与社会经济的发展以及人口的增长等协调一致。图 6-2 是农、林、牧、渔生态系统的初级生产模式。这个体系中四个亚系统进行物质和能量交换，互为一体。林区保护农田，为农田创造良好的小气候条件，同时招引益鸟，捕食农林害虫；作物子粒及秸秆为禽畜提供精细饲料，而禽类的粪便又为农田提供有机肥料，或为鱼池提供肥水；鱼池底泥上田作肥料。物质与能量得到充分利用，能够实现林茂粮丰，禽畜兴旺，水产丰收，得到较好的经济效益和生态效益。

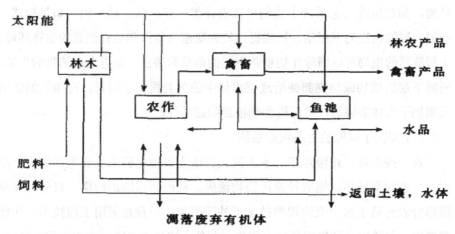

图 6-2 农林牧渔生产体系初级模式

五、湖滨带生态恢复技术

湖滨带是指湖泊水生生态系统和陆生生态系统结合区域，通常由陆生植物带、湿生植物带和水生植物带组成，核心部分是湖岸区的湿生植物带，湖滨带是湖泊的天然保护屏障。湖滨带是湖泊水体和陆地进行物质交换的重要区域，进入水体的大量污染物均需要通过湖滨带，同时湖滨带拦截蓄存和降解了大量环境污染物，对保护湖泊环境起着十分重要的防护作用。在众多湖泊流域中，湖滨带都是流域内人口聚居区和工农业、旅游等生产活动强烈区，污染物发生量大并且直接与水体进行物质交换，对湖泊水体有直接影响，湖滨带的保护是湖泊生态环境保护的重要组成部分。

湖滨带生态恢复工程工艺流程见图 6-3。

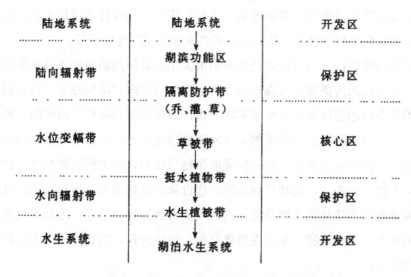

图 6-3 洱海湖滨带生态恢复工程工艺流程图

1.湖滨带生态恢复工程模式

按照湖滨带的类型划分,把湖滨带的生态恢复工程归纳为以下几种模式:

(1) 自然模式:这类模式的景观基质基本上处于自然状态,地形等物理环境改变较小,主要采用生物对策来恢复。采用自然模式进行恢复的湖滨带,一般情况下,人类对陆向辐射带的开发利用比较少,没有湖滨功能区。自然模式主要分为滩地模式、河口模式和陡岸模式。

①滩地模式:采用滩地模式来恢复的湖滨带,一般地形坡度比较平缓,通常以沉积为主,物理基底稳定性好。这种模式是比较理想和健康的模式,土壤、地形、水力条件、气候等都比较适于植物生长,湖滨交错带结构比较完整,湖滨带功能也比较强。这种模式所面临的主要问题是人类围垦、侵占滩地现象严重,滩地面积减少,滩地生物量减少,生物群落退化。滩地湖滨带生态恢复的目标是建立一个无干扰的健康的自然湖滨带。恢复工程方案采取以生物措施为主,适当引种土著物种或已消失的土著种,根据干扰的强烈程度,从陆向辐射区到水向辐射区采用生物 K~对策向 R~对策过渡,湖滨带的宽度应使湖水的作用不超出其范围,以保证陆源污染物不直接入湖。

滩地模式恢复工程的主要任务是消除人为干扰,营建防护林和草地缓冲带,引种挺水植物,恢复沉水植物。等生物量恢复到一定规模时,微生物沿着湖滨廊道迁移过来发挥着重要的"上行效应"，为保持系统的平衡，适量引进植食性鱼类和杂食性鱼类，利用其"下行效应"进行调节。

②河口模式：入湖河流廊道是湖泊水生生态系统向陆地生态系统的枝状延伸，也是陆源污染物进入湖泊的主要通道，通常河口沉积较多。这种模式面临的主要问题是河流廊道生态破坏严重，河流的截弯取直、河道的"两面光"工程、河堤植被的破坏等都造成河流自净能力下降，输送的污染物和泥沙量增加。河口模式恢复工程方案采取生物措施和物理工程措施相结合的方式，以生物措施为主，物理措施为辅。建设河流生态廊道和河口湿地，以截留颗粒物和水质净化为主要功能，其他功能有改善河口景观，增加生物多样性，为鱼类产卵、育肥、觅食提供栖息地，促进沉积，防止冲刷，为人们提供生物量等。

A.河流廊道生态恢复设计。河流廊道生态恢复包括河流防护林建设和水边水生植被恢复。防护林可选种小叶杨、滇杨和池杉。水边水生植被恢复可选择茭草为先锋种，岸边用防浪桩，并以护网连接，为茭草的恢复创造条件。水边植被恢复后拆除防浪桩和护网。

B.河口湿地设计。河口湿地需要根据河口冲积扇形状和可利用的土地范围，建设配水工程，在河道上设置闸门，截流平、枯水期的河水和暴雨初期的污染峰，进入配水沟，均匀进入人工湿地，湿地植物可选择芦苇、香蒲和茭草。

③陡岸模式：该模式的陆地生态系统向水生生态系统的过渡出现突变，一般侵蚀比较严重，风浪大，水生生物生存比较困难。该恢复模式工程措施为：在陆地系统建设防护林或草林复合系统，改善陆地环境，防风固土，涵养水源；在水域系统采用人工介质护岸，同时营造适合微生物生存的局部静水环境，培育微生物，净化水质；建设人工浮岛，改善湖岸浪蚀状况，增加沉积，通过浮岛的生物量改善底质状况，促进沉水植被的恢复。水位幅带及湖浪影响的范围内，采用人工辅助措施恢复草被。

（2）人工模式：人工模式是作为湖滨带生态恢复的一种过渡阶段或应急处理方法提出来的。由于长期以来人们为了某种经济利益，对湖滨带进行改造和开发利用，使得湖滨带的一些现状利用功能在短期内难以协调改变，作为一种应急措施提出湖滨带生态恢复的人工模式。

人工模式的景观基质受人为的干扰比较大。人工模式分为两个部分：功能区和过渡区。

人工模式的功能区是在陆向辐射带的保护区内，功能区可以在宏观指导下进行有限度的开发利用，对功能区内的人类活动有一些比较严格的要求，尽量减小由于人类活动给湖滨带和湖泊水生生态系统带来的压力，减小人为干扰和污染物排放；功能区以外的湖滨带为过渡区，过渡区的规模相对滩地模式而言被功能区压缩较大，但在相对较小的过渡区内的保护与恢复措施基本上与滩地模式相似，去除干扰，使生境基本保持自然状态，实行隔离保护。人工模式主要分为鱼塘模式、农田模式和堤防模式三小类。

（3）专有模式：自然模式和人工模式都是大尺度的湖滨带恢复模式，但是由于湖泊功能的多样性，人类为了充分利用湖泊多方面的功能，在湖滨带建设了各种各样的设施，这些设施具有一些特殊的专有功能，如码头、风景点、水边休闲地、湖滨公园、湖滨浴场、湖滨取水点、城市建成区等，这些具有特殊功能的湖滨带的生态恢复也具有一定的特殊性，其恢复模式我们称之为专有模式。专有模式要求专有设施在进行各自专业设计的同时要考虑湖滨带的生态环境要求，以保证湖滨带的各项环境功能和生态功能的有效发挥。主要内容包括：

①尽量保持湖滨带的自然状态或仿自然状态；

②湖滨带内的设施应不排污或少排污；

③人类活动多的地方应尽量设置缓冲隔离带；

④尽量减少运行过程中对岸边的扰动；

⑤专有模式应考虑截污工程的建设；

⑥在不影响使用功能的前提下，尽量恢复水生植被。

2.湖滨带生态恢复工程适用技术

在广泛的资料调研基础上，对国内外湖滨带生态恢复工程技术进行综合归纳，整理出如下几项适用的关键技术，下面分别对其进行介绍。

（1）湖滨湿地工程技术：充分利用湖滨湿地等地形条件，人工恢复或建设半自然的湿地系统，截留入湖地表径流中的颗粒物，净化入湖水质，为动植物提供栖息和生存环境，为鱼类产卵、孵化、育肥、过冬、觅食提供场所，为人们提供生物量，改善湖滨景观。该技术适用于入湖河口的三角洲地带，要求必须提供足够的过流面积，保证行洪顺畅。工程关键在于配水，主要工程量在于整理地形、引种培育湿地植被，采用的湿地植物主要是挺水植物，如芦苇、茭草等。

（2）水生植被恢复工程技术：水生植被在湖滨带中占据统治地位，水生植被的恢复对湖滨带的恢复至关重要，湖滨带的所有功能都与水生植被有关，同时水生植被还能提高水体透明度，抑制藻类暴发。在湖滨带内应尽可能创造条件，按照健康湖滨带的结构，通过多种技术手段，适度恢复水生植被，优化水生植被的群落结构。该项技术适用于整个湖滨带。该技术已立有专题研究，在此就不细述。

（3）人工浮岛工程技术：人工浮岛就是在离岸不远的水体中，人工建设浮于水中的植物床，植物可采用芦苇，种植可借鉴无土栽培技术。人工浮岛的作用类似于植物带，可以吸收水中营养物质，促进水中悬浮颗粒物的沉积，同时它可以防止湖浪直接冲击湖岸，在人工浮岛与湖岸之间营造一个相对平静的静水环境，有利于水生生物的生长、栖息，减少湖泊水流对湖滨底泥的搅动。该项技术的难点在于浮岛基质的固定和植物的引种。此项技术适用于受风浪侵蚀比较严重的湖滨带。

（4）仿自然型堤坝工程技术：仿自然型堤坝工程主要是依托于现有大堤或湖堤公路，对其进行改造，减缓面湖坡的坡度，恢复植被，防止湖浪对湖岸的直接冲刷。这种堤防的主要优点是有利于减少湖岸侵蚀，促进湖滨带内植物恢复，保护鱼类产卵和自然繁育的场所。为了增加景观异质性，面湖坡地形应尽量保持自然状态，坑凹不平的基面有利于多种植物的生存、犬牙交错的水陆交接面有利于增加湖滨交错带的长度，这些都有利于对坡面流污染物质的截留和净化。另外为了增强截污效果，堤防的背湖坡侧应设截污沟，截污构可采用自然沟型，促进沟内植物生长，增强沟的自净和截污功能，收集的污水在进入湖泊之前必须进行适当的处理。

（5）人工介质岸边生态净化工程技术：人工介质岸边生态净化工程是在湖岸比较陡峭，侵蚀比较严重，基质贫瘠，植被难以恢复的湖滨带或者不宜采用其他恢复技术的特殊用途地带，把人工介质（比如底泥烧结体、陶瓷碎块、大块毛石、多孔砼构件等）随意地或以某种方式堆放在岸边，一方面减少湖浪冲刷，另一方面在人工介质体内和体间营造适于微生物和底栖附着生物生存的小环境，以达到净水和护岸的目的。

（6）防护林或草林复合系统工程技术：在湖滨带的陆向辐射带内营造防护林或草林复合系统，是广泛采用的湖泊生态恢复技术之一，并且实践证明卓有成效。在整个湖滨带内应尽可能建造防护林，作为湖滨带状廊道的"防护神"。防护林可以有效地降低风速，减少湖面蒸发，截留污染物，减少径流量（将地表径流转为潜流），涵养水源，为野生植物，特别是为两栖动物提供合适的生境。但是，防护林的蒸腾作用也很强烈，对水量平衡有一定影响，因此，防护林应距水边有一定距离。如果水陆交错带内存在草本植物作为缓冲带或者湖滨带的水平植被结构比较完整时可以直接营造防护林，否则的话，林草间营的草林复合系统会更充分地发挥其环境功能。防护林宽度以30～50m为宜。

（7）河流廊道水边生物恢复技术：河流廊道水边生物的恢复对河流及其下游湖泊的重要性与湖滨带的生物恢复对湖泊的重要性相似。河流两岸水边生物的恢复可以截留河两岸进入河流的地表径流中的污染物，净化河水，防止河岸侵蚀，保护岸边鱼类产卵和繁殖的场所。入湖河流的河岸基本上有两种：石砌河岸和自然河岸。自然河岸水边生物的结构基本上也是湿生树林，挺水植物，沉水植物，水流缓慢的河道还有一些浮叶植物，水流急的河道则很少存在。石砌河岸，在岸上可以种植防护林，堤内恢复挺水植物如茭草等。

（8）湖滨带截污及污水处理工程技术：对湖滨带的生态恢复来说，消除压力和减少人为干扰是至关重要的前提条件。湖滨带的截污及污水处理工程主要是对未经处理的城市生活污水、工业废水和村落混合污水进行截流，送到污水处理厂进行处理后达标排放。

（9）基塘系统工程技术：鱼塘是许多湖泊的湖滨带内的主要土地利用形式之一，也是当地居民的主要生活来源之一。但是湖滨带内的鱼塘常由于运行不当给湖泊造成严重的污染。如果将其取缔则不利于地区经济的发展和人民生活水平的提高，同时也会给湖泊的渔业生产造成更大的压力。对湖滨带内的鱼塘进行改造所采用的林基鱼塘系统工程技术，主要是将鱼塘的生产与防护林营建结合起来，直接从湖中取水，却不直接向湖中排水，鱼塘排水供防护林用水，或被林木吸收，或变成潜流，经土壤微生物过滤净化后进入湖泊，或被林间洼地蓄存起来。塘泥用来护堤、植树或作为肥料回林。该技术的关键是确定林塘比（防护林的面积与鱼塘的面积比），这个比例有一定的地区差异，也与养鱼技术有关。

六、前置库工程技术

前置库是指在受保护的湖泊水体上游支流，利用天然或人工库（塘）拦截暴雨径流，通过物理、化学以及生物过程使径流中污染物得到净化的工程措施。

广义上讲，湖泊汇水区内的水库和坝塘都可看作是湖泊的前置库，对入湖径流有不同程度的净化作用。我们这里指的前置库工程，是为了控制径流污染而新建或对原有库塘进行改造，强化污染控制作用的工程措施，通常采用人工调控。

20世纪70年代以来，国外已开展前置库的研究工作，并且前置库在控制湖泊污染时得到应用，如德国Wahnback湖利用前置库拦截净化暴雨径流，有较好的去除氮磷效果；加拿大伊利（Er1e）湖利用前置库深度处理二级污水处理厂的出水，同样有去除氮磷效果；日本琵琶湖也利用前置库处理农田径流，收到较好去除氮磷的效果。前置库的研究和应用在国外正在发展中。中国自1980年以来，逐步开展了前置库工程技术研究，在工作原理、净化机制以及设计参数选取等方面都进行了深入研究，并且建成了前置库工程，取得了较好的效果。前置库工程技术作为一项适用性新技术，在我国水污染控制中将得到更为广泛的应用。

前置库是一个物化和生物综合反应器，污染物（泥沙、氮、磷以及有机物）的净化是物理沉降、化学沉降、化学转化以及生物吸收、吸附和转化的综合过程，依据物化和生物反应原理，可以有效去除非点源中主要污染物，如有机污染物、磷、氮和泥沙等。

1.物理作用

暴雨径流进入前置库后，流速降低，大于临界沉降粒度的泥沙将在库区沉降下来，在泥沙表面吸附的氮、磷等污染物同时沉降下来，径流得到净化。

2.化学作用

物理仅能去除大颗粒泥沙及其吸附的污染物，净化作用往往不理想。径流中细颗粒泥沙以及胶体较难沉降，可以通过填加化学试剂破坏其稳定状态，使其沉陷，同时溶解态的磷污染物发生转化，形成固态沉降下来。通常使用的化学试剂有磷沉淀剂（铁盐）、稳定剂和絮凝剂。

3.生物作用

水生生物系统是前置库不可缺少的主要组成部分，对去除氮磷污染物具有重要作用。氮磷是水生生物生长的必需元素，水生生物从水体和底质中吸收大量氮磷满足生长需要，成熟后水生生物从前置库中去除被利用，从而带走大量氮磷；径流中氮磷污染物通过生物转化后，既减少了污染，又得到了再生利用。水生生物不能去除氮磷，也对有机物和金属、农药等污染有较好净化作用。

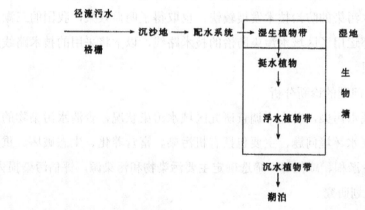

前置库工艺流程及组成如下：

暴雨径流污水，尤其是初场暴雨径流通过格栅去除飘浮物后引入沉沙池，经沉沙池初沉沙、去除较大粒径的泥沙及吸附态的磷、氮营养物，沉沙池出水经配水水质均匀分配到湿生植物带，湿生植物带在这里起着"湿地"的净化作用，一部分泥沙和磷、氮营养物进一步去除，湿地出水进入生物槽，停留数天，细颗粒物沉降，溶解态污染物被生物吸收利用，净化作用稳定后排放，出水可以农灌或直接入湖。经过多级净化后，径流污染得到较好控制。

第五节 区域水污染防治

水污染防治是一项系统工程，防治水污染不仅需要考虑单个的工厂，还需要考虑它们所处的政治社会、城市、工业及农业系统。这些系统对生态的不利影响，是污染全世界水源的真正原因，例如，流行的高投入农业体系，不仅通过大量施用农业化肥破坏了土壤及土壤下面的水质，而且农田地表径流污染了河流、湖泊。以轿车作为主要交通工具、地盘不断扩张的城市体系，不仅产生了大量破坏气候的温室气体，也通过石油化工产品、重金属和污水破坏了水环境。

水污染防治与水质规划密切结合，形成了区域水污染的防治技术，是从流域或大的区域角度来分析水污染问题，提出治理水污染的途径和方法。近年来，区域水污染的防治技术发展较快，也取得了明显效果，我国的三湖三河一海治理都运用了区域水污染防治的技术路线，以下将采用的技术路线进行简要的介绍。

1.水环境问题的诊断分析

防治区域水污染，首先应调查研究区域水污染状况，查清水污染物的来源，确定主要水环境问题，主要包括有机污染、富营养化、生态破坏、重金属污染、泥沙淤积、咸化等，筛选确定主要污染物和污染源，评估污染损失。

2.水质规划研究

对水体进行功能区划，明确水质保护目标，应用水质模型或生态模型，研究水污染规律和主要水污染物的允许负荷。

3.目标

区域水污染防治的目标包括水质目标和主要污染物总量控制目标，提出分阶段的保护目标。

4.目标分解

依据确定的区域或流域水污染物总量控制目标，将污染物允许排放总量分配到排污口。

5.实施计划

制订水污染物总量控制的实施计划，落实到污染源，提出备选项目和主要技术经济指标。

6.优先控制区或单元

区域水污染防治受技术经济水平的制约，大流域或区域往往很难一步到位，因此应筛选确定主要的控制区和单元，进行重点的治理。

7.方案的技术经济可行性论证

对完成的水污染物总量控制方案进行技术经济可行性分析和论证，确定最优技术方案。

8.组织实施与监督检查

为保证水污染防治计划的落实，应提出有效的组织框架和保证措施。

第七章 生态系统与环境保护

第一节 生态学的基础知识

一、生态学基本概念

在自然界，各种生物物质结合在一起形成复杂程度不同的各种有机体，这些有机体依照细胞—个体—群落—生态系统的顺序而趋于复杂化。生态学就是研究生命系统与环境系统相互关系的科学。生态学的研究一般从研究生物个体开始，分别研究个体、种群、群落、生态系统等，并形成相应不同层次的生态学科。

生物个体都是具有一定功能的生物系统。个体生态学主要研究有机体如何通过特定的生物化学、形态解剖、生理和行为机制去适应其生存环境。

种群是指在一定时间内和一定空间地域内一群同种个体组成的生态系统。种群生态学讨论的重点是有机体的种群大小如何调节，它们的行为以及它们的进化等问题。种群既体现每个个体的特性，又具有独特的群体特征，如团聚和组群特征等。

群落是指在一定时间内居住于一定生境中的各种群组成的生物系统。群落生态学研究中，人们最感兴趣的是生物多样性，生物的分布、相互作用及作用机制等。生态系统生态学是近年来研究的重点。现代生态学除研究自然生态外，还将人类包括其中。我国著名生态学家马世骏教授认为，生态学是一门包括人类在内的自然科学，也是一门包括自然在内的人文科学，并提出"社会—经济—自然复合生态系统"的概念。这样，生态学研究就包括了更为宏观、广阔的内容，即景观生态学和全球尺度的全球生态学（生物圈）。

二、生态系统

在一定范围内由生物群落中的一切有机体与其环境组成的具有一定功能的综合统一体称为生态系统。在生态系统内，由能量的流动导致形成一定的营养结构、生物多样性和物质循环。换句话说，生态系统就是一个相互进行物质和能量交换的生物与非生物部分构成的相对稳定的系统，它是生物与环境之间构成的一个功能整体，是生物圈能量和物质循环的一个功能单位。

生态系统一般主要指自然生态系统。由于当代人类活动及其影响几乎遍及世界的每一个角落，地球上已很少有纯粹的未受人类干扰的自然生态系统了，生态学研究的大部分生态系统是半人工、半自然的生态系统（如农业生态系统），甚至完全是人工建造的生态系统（如城市生态系统）。

生态系统是一个很广泛的概念，任何生物群体与其环境组成的自然体都可视为一个生态系统。如一块草地、一片森林都是生态系统；一条河流、一座山脉也都是生态系统；而水库、城市和农田等也是人工生态系统。小的生态系统组成大的生态系统，简单的生态系统构成复杂的生态系统。形形色色，丰富多彩的生态系统构成生物圈。

生态系统是一个将生物与其环境作为统一体认识的概念，因此在生态学中，生态系统是一个空间范围不太确定的术语，可以适用于各种大小不同的生物群落及其环境。例如：最小的生态系统可以是一个树桩上的生物与其环境，中等尺度的生态系统如森林群丛等，大的生态系统可以是一个流域、一个区域或海洋等。

1.生态系统的组成

任何生态系统都是由两部分组成的，即生物部分（生物群落）和非生物部分（环境因素）。生物部分包括植物群落（生产者）、动物群落〔消费者）、微生物群落和真菌群落（分解者或称还原者）。非生物部分（环境）包括所有的物理的和化学的因子，如气候因子和土壤条件等。非生物因子对生态系统的结构和类型起决定性作用。对陆地生态系统来说，在各种非生物因素中，起决定作用的是水分和热量。水分决定着生态系统是森林、草原或荒漠生态系统。年降雨量在 750mm 以上的地区可以形成稳定的森林生态系统；年降雨量在 250mm 以下，其水分甚至不足以支持建立一层完整的草被，从而形成草丛疏落、地面裸露的荒漠生态系统。温度决定着常绿、落叶或阔叶、针叶这些生态系统特征。土壤条件由于其本身的复杂性，对生态系统的影响也是复杂的，但它对生态系统的多样性有着重要贡献。

2.生态系统的结构

生态系统的结构是指构成生态系统的要素及其时、空分布和物质、能量循环转移的路径。它包括形态结构和营养结构。

（1）生态系统的形态结构

生态系统中的生物种类、种群数量、种的空间配置（水平分布、垂直分布）、种的时间变化（发育、季相）等构成生态系统的形态结构。例如，一个森林生态系统中的动物、植物和微生物的种类和数量基本上是稳定的。在空间分布广，自上而下具有明显的分层现象。地上有乔木、灌木、草本、苔藓；地下有浅根系、深根系及其根际微生物。在森林中栖息的各种动物，也都有其相对的空间位置：鸟类在树上营巢，兽类在地面筑窝，鼠类在地下掘洞。在水平分布上，林缘和林内的植物、动物的分布也明显不同。植物的种类、数量及其空间位置是生态系统的骨架，是整个生态系统形态结构的主要标志。

（2）生态系统的营养结构

生态系统各组成部分之间建立起来的营养关系，构成了生态系统的营养结构。其营养结构的模式可用图 7-1 表示。由于各生态系统的环境、生产者、消费者和还原者不同，就构成了各自的营养结构。营养结构是生态系统中能量流动和物质循环的基础。

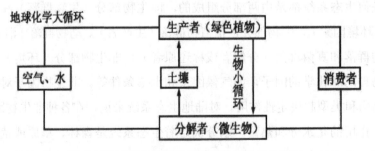

图 7-1 陆地生态系统的营养结构及元素的循环

生态系统中，由食物关系将多种生物连接起来，一种生物以另一种生物为食，这后一种生物再以第三种生物为食……彼此形成一个以食物联接起来的链锁关系，称之为食物链。按照生物间的相互关系，一般又可把食物链分成捕食性食物链、碎食性食物链，寄生性食物链和腐生性食物链四类。病虫害的生物防治即是食物链的理论应用。

在生态系统中，一种消费者往往不只吃一种食物，而同一种食物又可能被不同的消费者所食。因此各食物链之间又可以相互交错相联，形成复杂的网状食物关系，称其为食物网。食物网作为一系列食物链的链锁关系，本质上反映了生态系统中各有机体之间的相互捕食关系和广泛的适应性。自然界中普遍存在着的食物网，不仅维系着一个生态系统的平衡和自我调节能力，而且推动着有机界的进化，成为自然界发展演化的生命网，从而增加了生态系统的稳定性。

3.生态系统的特点

（1）生态系统结构的整体性

生态系统是一个有层次的结构整体。在个体以上生物系统的个体、种群、群落和生态系统的四个层次中。随着层次的升高，不断赋予生态系统新的内涵，但各个层次都始终相互联系着，低层次是构成高层次的基础，构成一种有层次的结构整体。

任何一个生态系统又都是由生物和非生物两部分组成的纵横交错的复杂网络，组成系统的各个因子相互联系、彼此制约而又相互作用，最终使系统各因子协调一致，形成一个比较稳定的整体。例如在一个生态系统中，仅植物的构成就有上层林木、下层林木灌木、草本植物、地被植物（苔藓、地衣）等层次，破坏其中一个层次，如砍伐掉高大的树木，就会使下层喜荫植物受到伤害，系统失去平衡，有时甚至向恶性循环转化。

生态系统结构的整体性决定着系统的功能。结构的改变必然导致功能的改变。反之，通过观察功能的改变也可以推知系统结构的变化趋势。生态系统存在和运行的基本保证是营养物质的循环和系统中能量的流动。这种运动一经破坏，系统也就崩溃。生态系统物质循环和能量转化率超高，则系统的功能就越强。

在生态系统中，植物之间通过竞争、共生等作用相互制约，动物与植物之间和动物与动物之间，通过食物链相互联系。在生物与非生物之间，其相互作用更为明显。其中，水分的变化所带来的影响最为显著。例如在新疆等干旱地区，许多生态系统靠地下水维持。地下水开采过多，就会造成地下水位下降，当下降到地面植物根系不可及的程度时，地面植物就会死亡，土地荒漠化也就接踵而至，整个生态系统就会被摧毁。相反，在引水灌溉时，若给水过多，则地下水位就上升，喜水植物会增加，继而因强烈的蒸发导致盐分在土壤表面积聚，于是导致盐渍化，进而造成植被稀疏化，生态系统也趋于逆向演替。

（2）生态系统的开放性

任何生态系统都是开放性的系统，与周围环境有着千丝万缕的联系。一个生态系统的变化往往会影响到其他生态系统。例如一个山地生态系统，由于森林植被破坏而导致水土流失、鸟兽飞迁、地貌变化，不仅使本系统发生变化，而且由于失去森林涵养水源、"削洪补枯"的调节作用，影响径流，加重下游平原地区的洪旱灾害，也可造成河流湖泊的淤塞和影响河湖水生生态系统。

生态系统的开放性具有两方面的意义：一是使生态系统可为人类服务，可被人类利用。例如人类利用农业生态系统的开放性，使之输出粮食和果蔬，利用自然生态系统输出的水分改善局部小气候，增加农业产量。二是使人类可以通过增大对生态系统的物质和能量输入，改善系统的结构，增强系统的功能。正是由于生态系统具有开放性特征，才使它与人类社会更紧密地联系在一起，成为人类生存和发展的重要资源来源。

（3）生态系统的区域分异性

生态系统具有明显的区域分异性。海洋和陆地是两大类完全不同的生态系统；森林、草原、荒漠生态系统具有明显的区域分布特征；山地、草原、河湖、沼泽等不同的生态系统不仅其结构不同，而且同一类生态系统在不同的区域其结构和运行特点也不相同。我国是一个受季风气候影响而且多山的国家，气候多变，水土各异，物种多样，造成了多种多样的生态系统。这种特点既为资源的多样性提供了基础，也为合理开发利用和保护增加了难度。

（4）生态系统的可变性

生态系统的平衡和稳定总是相对的、暂时的，而系统的不平衡和变化是绝对的、长期的。一般来说，生态系统的组成层次越多，结构越复杂，系统就越趋于稳定，当受到外界干扰后，恢复其功能的自动调节能力也较强；相反，系统结构越单一，越趋于脆弱，稳定性越差，稍受干扰，系统就可能被破坏。例如人工营造的纯林，因其组成单一、结构简单，很易受到病虫危害，易发生营养缺乏等问题。

能引起生态系统变化的因素很多，有自然的，也有人为的。自然因素如雷电引起的森林火灾造成的森林生态系统的变化，长期干旱造成的生态系统变化等。一般来说，自然因素对生态系统的影响多是缓慢的、渐进的。人为影响是现代社会中导致生态系统变化的主因，其影响多为突发的和毁灭性的。

生态系统的变化，有的有利于人类，有的不利于人类。改善生态环境，就是通过人工干预，使生态环境和生态系统向有利于人类的方向发展。

三、自然、经济、社会复合生态系统

自然、经济、社会正越来越紧密地连接成为一个有序运动的统一整体。当代生态环境实质上是人地关系高度综合的产物。

1.复合生态系统的结构和功能

复合生态系统的结构即是组成系统的各部分、各要素在空间上的配置和联系。复合生态系统通过系统各要素之间、各子系统之间的有机组合（通过生物地球化学循环、投入产出的生产代谢，以及物质供需和废物处理等），形成一个内在联系的统一整体：一方面，自然生态系统以其固有的成分及其物质流和能量流运动，控制着人类的经济社会活动；另一方面，人又具有能动性，人类的经济社会活动在不断地改变着能量流动与物质循环过程，对复合生态系统的发展和变化起着决定作用。二者互相作用、互相制约，组成一个复杂的以人类活动为中心的复合生态系统。这个系统结构复杂、层次有序，并具有多向反馈的功能。

复合生态系统的功能与其结构相适应。自然生态系统具有资源再生功能和还原净化功能。它为人类提供自然物质来源，接纳、吸收、转化人类活动排放到环境中的有毒有害物质，自然系统中以特定方式循环流动的物质和能量，如碳、氢、氧、氮、磷、硫、太阳辐射能等的循环流动，不仅维持着自然生态系统的永续运动，而且也是人类生存和繁衍不可缺少的化学元素；自然系统的水、矿物、生物等其他物质通过生产进入人工生态系统，参与高一级的物质循环过程。它们都是社会经济活动不可缺少的资源和能源。显然，自然生态系统是人类生存和发展的物质基础，人工生态系统具有生产、生活、服务和享受的功能。

2.复合生态系统的基本特征

复合生态系统是在自然生态系统的基础上，经人类加工改造形成的适于人类生存和发展的复合系统。它既不单纯是自然系统，也不单纯是人工系统。复合生态系统的演化既遵循自然发展规律，也遵循经济社会发展现律。为满足人类发展的需要，它既具有自然系统的资源、能源等物质来源的功能，维持人类的生存和延续，又具有人工系统的生产、生活、舒适、享受的功能，推动社会的发展。

复合生态系统的整体性：复合生态系统是由自然、经济、社会三个部分交织而成统一联系的不可分割的统一整体。其中，组成生态系统的各要素及各部分相互联系、互相制约，任何一个要素的变化都会影响整个系统的平衡，并影响系统的发展，以达到新的平衡。

复合生态系统是一个开放性的系统：原材料、燃料要输入，产品、废物要输出，因此，复合生态系统的稳定性不仅取决于生态系统的容量，也取决于与外界进行物质交换和能量流动的水平。

复合生态系统具有一定的承载能力：复合生态系统的承载能力是有限的，超负荷则生态平衡被破坏。因此生态系统具有脆弱性、平衡的不稳定性以及在一定限度内的可以自我调节的功能。复合生态系统在长期演变过程中逐步建立起自我调节系统，可在一定限度内维持本身的相对稳定，同时其具有的人工调节功能，对来自外界的冲击能够通过人工调节进行补偿和缓冲，从而维持环境系统的稳定性。

第二节　生态环境保护的基本原理

为有效的保护生态环境，需要遵循一些基本原理：首先是生态系统结构与功能的相对应原理，从保护结构的完整性达到保持生态系统环境功能的目的；其次是将经济社会与环境看作是一个相互联系、互相影响的复合系统，寻求相互间的协调，并寻求随着人类社会进步，不断改善生态环境以建立新的协调关系的途径；第三是将保护生态环境的核心——生物多样性放在首要的和优先的位置上；第四是将普遍性与特殊性相结合，特别关注特殊性问题，如根据我国国情，东西南北各不相同，各地都有不同的保护目标和保护对象，因而在注意普遍性问题时，对特殊性问题给予特别的关注；第五是关注重大生态环境问题，将解决重大生态环境问题与恢复和提高生态环境功能紧密结合，以适应经济、社会发展和人类精神文明发展不断增长的需要。

一、保护生态系统结构的整体性和运行的连续性

从人类的功利主义和思维定势出发，保护生态环境的首要目的是保护那些能为人类自身生存和发展服务的生态功能。但是，生态系统的功能是以系统完整的结构和良好的运行为基础的，功能寓于结构之中，体现于运行过程中；功能是系统结构特点和质量的外在体现，高效的功能取决于稳定的结构和连续不断的运行过程。因此，生态环境保护也是从功能保护着眼，从系统结构保护入手。

例如，森林生态系统具有保持水土的环境功能。这种功能是由有层次的林冠结构和枝干阻截雨水，林下地被植物和枯枝败叶层吸收水分，根系作用疏松土壤增加土壤持水性以及林木的枝干和枯落物减弱雨滴的动能，从而防止其直接打击土壤表面造成土壤侵蚀等综合作用的结果。这种功能是以植物与土壤共存并形成森林生态系统为基础的。这个结构如受破坏或结构残缺不全，如树木零落、枝叶稀疏、地被植物或枯枝败叶被清除，都会使系统持水

保土功能下降。因此，生态系统的保护，首先要保护系统结构的完整性。

生态系统结构的完整性包括：

（1）地域连续性

分布地域的连续性是生态系统存在和长久维持的重要条件。现代研究表明，岛屿生态系统是不稳定或脆弱的。由于岛屿受到阻隔作用，与外界缺乏物质和遗传信息的交流，因而对干扰的抗性低，受影响后恢复能力差。近代已灭绝的哺乳动物和鸟类，大约 75% 是生活在岛屿上的物种。

由于人类开发利用土地的规模越来越大，将野生生物的生境切割成一块块越来越小的处于人类包围中的"小岛"，使之成为易受干扰和破坏的岛状生境，破坏了生态系统的完整性，也加速了物种灭绝的进程。在世界上已建立的保护区内，物种仍在不断减少，其原因也是由于自然保护区大多是一些岛屿状生境，无法维持生物多样性的长期存在。

岛屿生物地理学是为描述上述作用发展的理论，岛屿生物地理学认为：

①一个岛上的物种数 S 是该岛面积 A 和该岛与其他岛屿相隔距离 D 的函数，即 $S = f(A, D)$，A 越大或者 D 越小，则 S 越大。

②每种生物都需要一个求得生存和发育的最小面积，其最小面积的尺度因物种而异；每种生物也有一个能够越过"海洋"而到达邻岛的最小距离，其距离也因物种而不同。例如，英国现有鸟类生存的最小面积是 $100hm^2$。

③某一受隔绝的岛屿状生境中，生物尤其是动物的生存与繁殖或种群的延续，都有一个临界的种群密度和种群规模，当个体数降到此临界值以下，该物种就会灭绝。依靠单一食物来源的动物，处于营养级高层的动物，只在有限的或专门筑巢区栖息繁殖的动物，迁徙性动物，都是易灭绝性动物。作为一般规律，野生动物种群至少需保持 500 个个体，才能通过自然选择进行某种程度的进化，否则，终究会因缺乏进化适应性而灭绝。

（2）物种多样性

物种的多样性是构成生态系统多样性的基础，也是使生态系统趋于稳定的重要因素。物种与生态系统整体性的关系，可用 Ehrllchs 的"铆钉"去除理论作出形象的说明；当从飞机机翼上选择适当的位置拔掉一个或几个铆钉时，造成的影响可能是微不足道的；当铆钉被一个接一个地拔去时，危险就逐渐逼近；每一个铆钉的拔除都增加了下一个铆钉断裂的危险，当铆钉被拔到一定程度时，飞机必然突然解体。

在生态系统中，每一个物种的灭绝就犹如飞机损失了一个铆钉，虽然一个物种的损失可能微不足道，但却增加了其余物种灭绝的危险；当物种损失到一定程度时，生态系统就会彻底被破坏。在我国热带雨林中曾观察到，砍掉了最高的望天树，其余的树木就将受到严重的影响，因为有很多树木是靠望天树的荫庇才能够生存的。

自然形成的物种多样性是生物与其环境长期作用和适应的结果。环境条件越是严酷，如干旱、高寒、多风和荒漠地带，物种的多样性越低，生态系统也就越脆弱，越不稳定。在这种条件下，破坏了一两种物种，就可能使生态系统全部瓦解。如在我国西北，胡杨树、红柳等沙漠植物被砍伐后，很快招致土地沙漠化，生态系统完全被毁灭。

（3）生物组成的协调性

植物之间、动物之间以及植物和动物之间长期形成的组成协调性，是生态系统结构整体性和维持系统稳定性的重要条件，破坏了这种协调关系，就可能使生态平衡受到严重破坏。野兔被带到澳洲造成的野兔成灾、北美科罗拉多草原消火狼导致的鹿群增殖过多使草原遭致破坏，都是这方面的突出例子。

动物之间的捕食与被捕食关系对于维持生态系统的协调和平衡具有重要意义。许多猛兽、蛇类和部分兽类如黄鼠狼和狐狸等，都是老鼠的天敌。一只猫头鹰一个夏季可捕鼠 1000 多只；一条中等大小的成年蛇，每年约捕鼠 150 只；一只黄鼠狼一年可捕鼠 200～300 只。现在，由于这些鼠类天敌被捕杀，或者被农药毒杀，或因栖息地破坏而大量减少，才使老鼠迅速增加，成为巨大的生态危害。据估计，我国约有老鼠 30～35 亿只，受老鼠危害，一年损失粮食近百亿公斤，损失牧草超过 1×10^{11} kg。

在植物和动物之间，须特别注意保护单一食性动物的食料来源。在这方面，大熊猫和箭竹的关系最能说明问题。实际上，在任何生态系统中，当植物受到影响时，都会不同程度地影响到相关动物的生存。

（4）环境条件匹配性

生态系统结构的完整性也包括无生命的环境因子在内。土壤、水和植被三者是构成生态系统的支柱，他们之间的匹配性对生态系统的盛衰具有决定性意义。环境的匹配性当首推水分。水分供应充足、均匀或应时，水质好，都对生态系统有重要影响。土壤的影响很复杂，氮、磷、钾肥分的适当配比、土壤的结构、性质和有机质的含量，都有重要影响。

影响生态系统环境功能甚至影响系统自身稳定性的另一个关键是生态过程，主要是物质的循环和能量的流动两个主要过程。这个运行过程必须持续进行，削弱这一过程或切断运行中的某一环节，都会使生态系统恶化甚至完全崩溃。

保持生态系统物质循环的根本措施是任一种元素（物质）从某个环节被移出系统之外，都必须以一定的方式予以补充。例如：在农田生态的物质循环中，当作物收获带走养分时，就需施肥予以补充。同理，当某地植被因开发建设活动遭到破坏或清除时，就需人工补建绿色植被予以补偿，从而维持物质的循环作用。

能量流动是指来自太阳的光能经植物光合作用变为有机物（化学能）被储存起来，然后沿植物、动物和微生物的方向被传递。构成能量流动的核心是绿色植物，因此，能量流动的持续性也是以绿色植物的保护为核心的。

二、保持生态系统的再生产能力

生态系统都有一定的再生和恢复功能。一般来说，组成生态系统的层次越多，结构越复杂，系统越趋于稳定，受到外力干扰后，恢复其功能的自我调节能力也越强。相反，越是简单的系统越是显得脆弱，受外力作用后，其恢复能力也越弱。

生态系统的再生与恢复功能受两种作用左右，一是生物的生殖潜力，二是环境的制约能力。生物的生殖潜力一般较大，而且越是处于生物链底层的生物其生殖潜力越大，越是处于食物链顶端的生物其生殖潜力越小。如昆虫和老鼠，其生殖潜力非常之大，尽管人们千方百计地除虫和灭鼠，但虫害和鼠害却一天重似一天。相反，鸟类的生殖潜力则较小，受到的制约因素也较多。环境的制约力包括无机环境的制约力和生物天敌的制约力，前者如水分缺乏、种子萌发条件的不足以及栖居地的狭小等，后者如天敌种类的多少、种类数量的大小等等。

为保持生态系统的再生与恢复能力，一般应遵循如下基本原理：

①保持一定的生境范围或寻找条件类似的替代生境，使生态环境得以就地恢复或异地重建；

②保持生态系统恢复或重建所必须的环境条件；

③保护尽可能多的物种和生境类型，使重建或恢复后的生态系统趋于稳定；

④保护生物群落和生态系统的关键种，即保护能决定生态系统结构和动态的生物种或建群种；

⑤保护居于食物链顶端的生物及其生境；

⑥对于退化中的生态系统，应保证主要生态条件的改善；

⑦以可持续的方式开发利用生物资源。

许多生态系统的变化或破坏，是由于人类强度和过度开发利用其中的某些生物资源造成的；而生态系统结构的恶化，使生物资源的生产能力降低，从而又加剧对其他生态系统的压力，并最终影响到人类经济社会的可持续发展。所以，从保障人类社会可持续发展出发，对于可再生资源的利用，应注意：将人类开发和获取生物资源的规模和强度限制在资源再生产的速率之下，不使过度消耗资源而导致其枯竭。例如：森林限量砍伐、不超过森林生长量（采补平衡）；鱼类限量捕捞或限制网目、规定捕鱼期和禁渔期，保障鱼类的再生产；鼓励生物资源利用对象和利用方式的多样化，减轻对某种资源的开发压力；改善生物资源生存与养育的环境条件，即改善生态环境，提高生物资源的生产力。

三、以保护生物多样性为核心

尽管生物多样性有遗传多样性、物种多样性和生态系统多样性三个层次，但人们关注的焦点是易于观察和采取行动的动植物的物种多样性保护问题，尤其是物种的濒危和灭绝问题。导致动植物物种灭绝的原因主要是人为作用，如砍伐森林，开垦荒地，围垦湿地；过度收获某些生物资源，酷渔滥捕，乱捕滥猎等。野生生物贸易和商业性利用常导致某些生物资源的过度开发和迅速灭绝。象牙、犀角、麝香贸易导致大象、犀牛和麝的濒危与灭绝是这方面的典型例证。国内屡禁不绝的野味餐馆是造成一些动物稀少和濒危的重要原因。

建立自然保护区是人类保护生物多样性的主要措施。但保护的效能却不尽如人意。一般而言，为有效进行生物多样性保护，应遵循如下基本原则：

（1）避免物种濒危和灭绝

这是针对物种大规模的灭绝而采取的一种应急措施，主要采取建立自然保护区、捕获繁殖、重新引种、试管受精技术以及建立种子、胚胎和基因库等方法保存物种和基因。

（2）保护生态系统的完整性

这包括保护生态系统类型、结构、组成的完整性和保护生态过程。由于生态因子间紧密的相关性特点，保护生物多样性必须是全面的即保护所有的物种并使之相互平衡，保护所有组成生态系统的非生物因子，不削弱其对生态系统的支持能力；保护所有的生态过程，使其按照固有的内在规律运行。

（3）防止生境损失和干扰

对大多数野生动物来说，最大的威胁来自其生境被分割、缩小、破坏和退化。生境改变一般是将高生物多样性的自然生态系统变为低生物多样性的半自然生态系统，如森林转化为草原或农田，自然的水域或滩涂转化为人工鱼塘或虾池等。另一种过程是将大面积连片的生态系统分割成一个个"孤岛"，形成脆弱的岛屿生境。现在一些残存生物多样性高的生态系统，如湿地、荒地、原始森林、珊瑚礁等和一些拥有特殊物种的生态系统，已成为生物多样性保护的敏感目标。这类生境的损失，对生物多样性影响十分巨大，有些是毁灭性的。

（4）保持生态系统的自然性

对自然保护区的研究发现，自然保护区中的物种和遗传因子一直不断地受到侵蚀。其原因，除保护区的面积较小、无法避免"岛屿"生境的作用外，人为干预过多是一个重要原因。由于公园管理要人为地引进物种（如植树）、控制生物（如过火）、实施管理（如修路、开渠、筑坝）等，都会使自然保护区失去其自然性，从而导致生物多样性的侵蚀。生物多样性保护不单单是保护动植物物种，而且也需要保护物种间的关系以及演化过程和生态过程。因此，尽可能保持生态系统的自然性，减少任何人为的干预、"改善"、"建设"，是生物多样性保护的法则之一。

（5）可持续地开发利用生态资源

生态资源对人类社会经济的发展有着重要意义，而许多生物资源和生态系统却经常处于人为作用之下。因此，人类开发利用这类资源的方式和强度，对生物多样性有着至关重要的影响。例如，综合和有限度地利用森林的多种非木材产品而不是砍伐木材，实际效益高而持久；农业品种多样性比单作有着更高的生态意义。控制外来物种，保持自然的水文状况，实行可持续利用的管理等，都是保护生物多样性所必不可少的。现在，重要的是要避免商业性的过度采伐、猎捕和更替等影响。

（6）恢复被破坏的生态系统和生境

对于已破坏的生态系统，要模仿自然群落来重建整个生物群落。这在生物多样性保护中虽然作用有限，但恢复的生态系统可被人类重新利用，并可减缓对残余的原生生境的压力。在陆地上，生态系统恢复的主要手段是恢复植被，尤其是恢复森林植被。在陆地生态系统中，森林植被因有比其他生态系统大得多的环境功能，其中包括保护生物多样性的功能，因而是重建生态系统的重点和基础。

四、保护特殊重要的生境

在地球上，有一些生态系统孕育的生物物种特别丰富。这类生态系统的损失会导致较多的生物灭绝或受威胁，还有一些生境，生息着需要特别保护的珍稀濒危物种。这些生境都是必须重点保护的对象。

（1）热带森林

单位面积的热带森林所赋存的植物和动物种最多。例如：亚马孙热带林中，1hm² 雨林就有胸径 10cm 以上的树种 87～300 种之多。我国的热带森林较少，主要分布在海南岛和云南西双版纳地区。同世界热带森林一样，我国热带森林也是物种最丰富的地区。目前，这些地区受到游牧农业、采薪伐木和商业性采伐的威胁，开发建设项目和农业开垦也是重要的影响因素。

（2）原始森林

我国残存的原始森林已经很少，因而显得格外珍贵。目前，残存的原始森林大多在峡谷深处、峻岭之巅。这些森林不仅是重要的物种保护库，而且是科学研究的基地。原始森林面临的最大威胁是商业性砍伐和人类活动干扰，而水陆道路的沟通使许多原先人迹难至的地方通车通航，常是导致这些森林消失的主要因素。

（3）湿地生态系统

湿地是开放水体与陆地之间过渡的生态系统，具有特殊的生态结构和功能。按照"国际重要湿地特别是水禽栖息地公约"的定义，湿地是指沼泽地、沼原、泥炭地或水域，无论是天然的或人工的、永远的或暂时的，其水体是静止的或流动的，是淡水、半咸水或咸水，还包括落潮时深不超过 6m 的海域。这个定义过于广泛而宜把握。美国 1956 年发布的《39 号通告》，将湿地定义为：被间歇的或永久的浅水层所覆盖的低地。并进而将湿地分为四大类：内陆淡水湿地、内陆咸水湿地、海岸淡水湿地、海岸咸水湿地。

湿地是许多种喜水植物的生长地，也是很多水鸟、水禽栖息地，并且是许多鱼虾贝类的产卵地和索饵地。湿地是生产力很高的自然生态系统，每平方米平均生产动物蛋白 9g。湿地有多种生态环境功能，如储蓄水资源，改善地区小气候，消纳废物，净化水质等。红树林湿地是目前研究较多且受到高度重视的湿地生境。红树林的生态功能包括防风防潮、保护海岸免遭侵蚀；提供木材和化工原料；为许多鱼虾贝类提供繁殖、育肥基地。

湿地受到人类活动的压力主要包括疏干和围垦变为农田，填筑转化为城镇或工业用地，截流水源使湿地变干，养殖业发展特别是将湿地变为人工鱼池或虾池，伐木破坏湿地生态系统，筑路或其他用途挤占湿地等。

（4）荒野地

荒野地是指基本以自然力作用为主尚未被人类活动显著改变的土地，即没有永久性居住区或道路，未强度垦耕或连续放牧的土地。荒野地是人类尚未完全占领的野生生物生境，是现在地球上野生生物得以生存的"生态岛"和主要避难所。荒野地的生态学价值是其他土地不可替代的。荒野地受到的压力是：人口增加和经济开发活动的不断蚕食；石油、天然气和其他矿业开发活动的破坏；公路铁路穿越的分割作用；狩猎和采集采伐活动的干扰；缺乏正确认识导致的盲目开发与破坏等。

（5）珊瑚礁和红树林

珊瑚礁和红树林是海洋中生物多样性最高的地方，又是保护海岸防止侵蚀的重要屏障。珊瑚礁因其具有较高的直接使用价值而使受到破坏的可能性增大。据报道，海南省文昌县椰林湾，曾是个景色秀丽，物产丰饶的地方。湾内有近万亩珊瑚礁。近 10 年，人们将珊瑚礁采来烧制低价的石灰和水泥，挖掉珊瑚礁超过 6×10^4t。其结果是 10 年内海岸侵蚀后退达 320m，目前仍以每年 20m 的速度侵蚀岸带，迫使村民后退迁徙，房倒屋塌，沿岸 3000 多棵柳树和 30 多万株其他树木被海水吞没。椰林湾从此失去昔日风光。

第三节 生物多样性及其保护

一、生物多样性的组成和层次

生物圈中最普遍的特征之一是生物多样性。生物多样性系指某一区域内遗传基因的品系，物种和生态系统多样性的总和。它涵盖了种内基因变化的多样性、生物物种的多样性和生态系统的多样性三个层次，完整地描述了生命系统中从微观到宏观的不同方面。

物种多样性是指地球上生命有机体的多样性。一般来说，某一物种的活体数量超大，其基因变异性的机会亦越大。但某些物种活体数量的过分增加，亦可能导致其它物种活体数量的减少，甚至减少物种的多样性。生态系统的多样性是指物种存在的生态复合体系的多样性和健康状态，即指生物圈内的生境、生物群落和生态过程的多样性。生态系统是所有物种存在的基础。物种的相互依存性和相互制约性形成了生态系统的主要特征——整体性。生物与生境的密切关系形成了生态系统的地域性特征，而生态系统包含众多物种和基因又形成了其层次性特征。

由于地球上生物的演化过程会产生新的物种，而新的生态环境又可能造成其他一些物种的消失，所以生物多样性是不断变化的。人类社会从远古发展至今，无论是狩猎、游牧、农耕，还是现代生产的集约化经营，均建立在生物多样性的基础上。正是地球上的生物多样性及其形成的生物资源，构成了人类赖以生存的生命支持系统。然而，人口的急剧增长和大规模的经济活动正使许多物种灭绝，造成生物多样性损失。这一问题已引起世界的广泛关注，并开始加强对生物多样性的认识和寻求保护生物多样性的途径。

二、生物多样性保护

世界资源所、世界自然保护同盟、联合国环境规划署及粮农组织、教科文组织于 1992 年在"全球生物多样性战略"中提出保护生物多样性的综合方法，包括六方面内容：

①就地保护。选择有代表性的生态系统类型，生物多样性程度高的地点，具有稀有种和濒危种的地点加以保护井进行适宜的管理。

②异地保护。对保护区周围的地区进行管理以补充和加强保护区内部的生物多样性保护。

③寻找合适的管理方法，兼顾国家对生物多样性的保护和当地居民对生物资源的使用，增加地方从保护项目中所能得到的利益。

④以动、植物园的形式建立异地基因库，在保护濒危（或稀有）动植物物种的同时，对公众进行宣传教育，并为研究人员提供研究对象和基地。

⑤在就地保护区和异地保护区，对其指示性物种的种群变化和保护状况进行监测。

⑥调整现有的国家和国际政策以促进对生境的持续利用（如采取补贴的办法）。

目前，就地保护是生物多样性保护的主要方式。就地保护分为维持生态系统和物种管理二种类型。维持生态系统的管理体系包括国家公园、供研究用的自然区域、海洋保护区和资源开发区。物种管理的体系包括农业生态系统、野生生物避难所、就地基因库、野生动物园和保护区。表 7-1 列出了保护生物多样性的各种管理办法，包括从就地保护体系中的野生生物避难所到异地保护体系中的动物园和种子库。每一种方法都有各自不同的具体目标，都是整个生物多样性保护不可缺少的组成部分。

表 7-1 保护生物多样性方法

就地保护		异地保护	
生态系统维持	物种管理	物种收集	种质存储
国家公园；	**管理系统**	动物园；	种子和花粉库；
供研究的自然区域；	农业生态系统；	植物园；	精子、卵子和胚胎库；
海洋保护区；	野生生物避难所；	野外采集标本；	微生物培养；
资源开发区；	就地基因库；	野生物种繁殖培育计划；	组织培养；
建立基因资源库	野生动物园和保护区	维持家畜繁殖；	**为繁殖计划提供**
保护演化能力	**保护目标**	便于野外研究并开发新	**便利的种质资源**
保护各种生态过程的功能；	促进半驯化物种间基因的相互作用；	品种和品系；	保护尚未确定的或受威胁的物种种质
保护物种；	维持可持续开发利用的野生群；	便于异地培育和繁殖；	维持作为研究和专列目的标准物种类型；
保护代表性的生态系统类型	保护濒危物种的存活种群；	维持在野生环境下受威胁种群的繁殖培育；	确保获得野生地理区域的种质；
	保护可直接提供收益的物种（如传粉或防治害虫的物种）；	为研究和宣传提供野生物种	保护濒危物种的基因材料
	对关键物种给予生态系统支持		

第四节　自然保护区

一、自然保护区

自然保护区是指用国家法律的形式确定的长期保护和恢复的自然综合体，为此而划定的空间范围，在其所属范围内严禁任何直接利用自然资源的一切经营性生产活动。自然保护区是保存物种资源和繁衍后代的场所，建立自然保护区是保护物种资源的一项基本措施，也是生物多样性就地保护的主要措施。

1.自然保护区的类型

根据国际自然与自然保护同盟（1UCN）的划定，自然保护区分为以下十类，其中最后两类是重叠于前八类的国际性保护区。

（1）绝对自然保护区／科研保护区

主要是保护自然界，使自然过程不受干扰，以便为科学研究、环境监测、教育提供具有代表性的自然环境实例，并使遗传资源保持动态和演化状态。

（2）国家公园

保护在科研、教育和娱乐方面具有国家意义或国际意义的重要自然区和风景区。这些地区实质上是未被人类活动改变的较大自然区域。

（3）自然纪念物保护区／自然景物保护区

保护和保留那些具有特殊意义或独特性的重要自然景观。

（4）受控自然保护区／野生生物保护区

是为了保护具有国家和世界意义的生态系统、生物群落和生物物种，保护它们持续生存所需要的特定的栖息地。

（5）保护性景观和海景

保护具有国家意义的景观，这些景观以人类与土地和睦相处为特征，并通过这些地区正常生活方式、娱乐和旅游，为公众提供享受机会。

（6）自然资源保护区

这类保护区既可以是多种单项自然资源的保护和储备地，也可以是综合自然资源的整体性保护地。目的是保护自然资源，防止和抑制那些可能影响自然资源的开发活动，使自然资源得到合理利用。

（7）人类学保护区／自然生物保护区

对偏僻隔离地区的部落民族所在地加以保护，保持那里传统的资源开发方式。

（8）多种经营管理／资源经营管理区

这一类保护区范围广，可以包括木材生产、水资源、草场、野生动物等多方面利用，或可能因受到人为影响而改变自然地貌，为了保持物种种源以及本地区永续利用，对该地区进行规划经营，加以保护性管理。

（9）生物圈保护区

这是为了目前和未来的利用而保护生态系统中动植物生物群落的多样性和完整性，保护物种继续演化所依赖的物种遗传多样性。

（10）世界自然遗产保护区

这类保护区是为了保护具有世界意义的自然地貌，是由世界遗产公约成员国所推荐的世界独特自然区和文化区。

2.自然保护区的等级划分

国际自然保护同盟（1UCN，1994）将保护区划分为如下六个等级：

Ⅰ类保护区：严格的自然保护或野生保护区。为科学研究、环境监测、教育和在动态进化条件下保护遗传资源，维持自然过程不受干扰。

Ⅱ类保护区：自然公园。为了科研、教育等而予以保护的国内或国际上有重要意义的自然区和风景区。这类区域通常面积较大，未受人类活动干扰，不允许从保护区获得资源。

Ⅲ类保护区：自然山峰或自然陆地标记物。被保护的有重要意义的自然特征，它们有特别的价值或独特的风格。这类保护区通常面积较小，只对其特征部分予以保护。

Ⅳ类保护区：生境或物种管理区。为了就地保护具有重要意义的物种、类群、生物群落以及生态环境特征，对其自然条件予以保护，并进行必要的人工管理。在这类保护区中，允许适当采集某些资源。

　　V类保护区：自然景观或海洋景观保护区。指维持自然状态的重要自然风景区，在这些风景区中人与环境和谐相处，人们可以在此休息和旅游。这些风景区通常是自然景观和人文景观结合的产物，其传统的土地利用保持不变。

　　VI类保护区：资源管理保护区。在长期保护和维护生物多样性的同时，提供持续的自然产品和服务以满足当地居民的需要。它们的面积比较大，自然系统基本上未被改变。在这里，传统的和可持续的资源利用得到鼓励。我国按自然保护区的重要性将其划分为国家级、省（市）级、市级、县级自然保护区。

二、选择自然保护区的条件

　　根据区域的典型性、自然性、稀有性、脆弱性、生物多样性、面积大小及科学研究价值等方面选择确定自然保护区，一般应满足下述条件：

　　①不同自然地带具有代表性的生态系统（在原生类型已消灭的地区，可选择具有代表性的次生类型）和自然综合体；

　　②区域特有的或世界性的珍稀或濒危生物种和生物群落的集中分布区；

　　③具有重要科学价值的自然历史遗迹（地质的、地貌的、古生物的、植物的等）；

　　④在维护生态平衡方面具有特殊重要意义而需要保护的地区；

　　⑤在利用和保护自然方面具有成功经验的地区，这些地区往往不仅具有重要的科学研究或观赏意义，而且有重要的经济价值。

　　在具体设立保护区网络时，一般可将全国分成不同的区域，在每个区域内，按其包括的主要生物群落类型，确定一批具有代表性和具有特殊保护价值的地域，作为设立保护区的考虑对象。

三、自然保护区功能分区

一个典型的自然保护区，一般可划分为三个区域，即核心区、缓冲区和实验区。由于三个区域的生物多样性、地位和功能不同，保护的重点和方式也有所不同。

核心区是各种原生性生态系统保存最好和珍稀濒危动植物集中分布的区域。它突出反映保护区的保护目的，并且包括保护对象持续生存所必需的所有资源。核心区应具有丰富的自然多样性和一定程度的文化多样性，重点是保护完整的、有代表性的生态系统及其生态过程，因此核心区的面积应大到足以构成有效的保护单元。核心区的人为活动应严格限制，一般仅限于物种调查和生态监测，不能采样或采集标本。为保持自然状态还应限制其中科学考察活动的频率和规模。核心区可以有一个或几个。

核心区外围应设缓冲区。缓冲区是自然性景观向人为影响下的自然景观过渡的区域，其主要目的是保护核心区，以缓冲外来干扰对核心区的影响。缓冲区的生物群落应与核心区相同或是其中的一部分，其宽度应根据保护性质和实际需要确定，一般不应小于500m。对于核心区比较小或保护对象季节性迁移的保护区，较宽阔的缓冲区直接起到保护作用。缓冲区是保护区内开展定位科学研究的主要区域，可以适当采样和采集标本，以及有限制的旅游活动。

核心区和缓冲区的外围是实验区，它包括部分原生或次生生态系统，人工生态系统或荒山荒地，也可以包括当地居民传统土地利用方式而形成的与周围环境和谐的自然景观。

实验区主要是探索资源保护与可持续利用有效结合的途径，在有效保护的前提下，对资源进行适度利用，并成为带动周围更大区域实现可持续发展的示范地。

在实验区内可以进行一定规模的幼林抚育、次生林改造、林副产品利用、荒山荒地造林以及动物饲养、驯化、招引等活动。通过这些活动，使自然保护区纳入地区发展规划中，既保护了自然资源和生物多样性，又促进了地区发展。

自然保护区功能分区应遵循下述原则：

（1）保护第一的原则

核心区、缓冲区和实验区的功能有所不同，核心区重点在保护，缓冲区提供研究基地，实验区为地区发展作示范作用。无论是核心区、缓冲区，还是实验区，保护目标应是统一的，都必须有利于保护对象的持续生存。保护区中一般只允许在实验区有人工景观，但仅限于必要设施，与保护无关的生活服务、旅游接待等设施应尽可能布置在保护区外。

（2）核心区与缓冲区的生态完整性原则

核心区的景观应是自然的、多样性的。野生生物的栖息地板块中，有时会出现已退化的不适合野生生物生存的零星碎片，形成栖息地空洞现象。将这些碎片与好的栖息地背景一并设计成一个完整的没有空洞的核心区，会使这些退化的栖息地碎片得以逐步恢复。一些生态环境不太好的地段，如果被核心区包围或基本隔绝，那么应按核心区的标准来管理，重点保护生物的栖息地，应纳入核心区；对不便于划入核心区的地块，可划入缓冲区。

（3）实验区的可持续性原则

实验区具有保护与发展的双重任务，其可持续性直接影响到自然保护区的可持续发展。实验区由于要同时实现保护、科研和资源利用等多重目标，因而与核心区相比，其管理要求应当更高。实验区不应固定比例，其位置和面积应在确保保护目标的前提下，根据自然资源利用的可能性及限制条件决定。

实验区的一切科学试验活动要有利于保护目标的实现和保护区的可持续发展，要对试验活动的规模、类型和强度作必要的限制。可以根据生物圈保护区的思想，在实验区外围设置保护地带，并对保护地带内的生产活动作出规定，以扩大保护区的实际保护范围。

第八章 人口、资源与环境

第一节 人口与环境

一、环境对人口的影响

现在，虽然人类利用、改造和创新环境的能力空前提高，但人类自身的生产和物质资料的生产以及它们与环境之间的关系还必然受自然规律和经济规律的制约。

1.环境对人口数量及其分布的影响

人口数量受自然因素和社会因素的影响，更取决于社会经济规律的作用。在 1 万多年前的冰期，地球气候寒冷，生态环境恶劣，全球人口不过 500 万人。在 1 万年以来的冰后期，由于气候转暖，生态环境改善，全球人口迅速增加。进入新石器时代，人类生产逐渐以农耕和畜牧为主，有了比较稳定的食物来源，人口发展速度加快。在旧石器时代，人口增加 1 倍需 3 万年。到了新石器时代，人口增加 1 倍需要的时间大为缩短，到了应用金属工具的公元初人口增加 1 倍只需要 1000 年。工业革命以后，生产力大幅度提高，人口增长速度也随之加快。到了 19 世纪中期，人口增加 1 倍的时间缩短为 150 年。到 1830 年世界人口达到 10 亿。到 1930 年，仅仅过去了 100 年，世界人口就达到 20 亿；到 1960 年，仅用了 30 年，世界人口达到 30 亿；到了 1987 年，世界人口就达到 50 亿；到 2000 年，世界人口增至 62 亿。

世界各地人口增长率也有很大差别，50 年代初，发达地区人口年均增长率为 1.2%，不发达地区为 2.1%，自此以后，发达地区人口年平均增长率持续下降，在 1980~1985 年间降至 0.6%，1985~1990 年期间基本不变，仍是

0.6%；而不发达地区人口年均增长率则逐年增加，1980～1985 年期间为 2.0%，1985～1990 年期间为 1.9%。预计到 2025 年，发达地区人口年均增长率将下降到 0.3%，不发达地区下降到 1.0%。

环境对人口的分布影响也很大。人类起源于热带、亚热带地区；而后逐步分布到温带地区，还有少量人口分布在寒带边缘地带，例如爱斯基摩人就生活在北冰洋沿岸。但是，直到今日，寒带的人口仍然十分稀少，南极洲至今也无一人定居生活。人类大部分分布在湿润、半湿润地带，干旱的荒漠和半干旱的草原地区，人口数量都很少，特别是沙漠，只有在沙漠边缘的绿洲中才有人类定居。在干旱地带人口压力临界指标为 7 人／km^2，在半干旱地带人口压力临界指标为 20 人／km^2。目前世界陆地尚有 35%～10%基本无人居住，都是寒冷的极地和干旱的沙漠。世界总人口的 2／3 集中分布在地球陆地 1／7 的土地上。这里基本上都是富饶的平原地区，气候适宜，土地肥沃，对人类的生存和发展十分有利。当然有些矿产资源丰富的地区，人口也比较集中，不过占全球总人口的比例并不大。中国人口分布也很不均，据 2000 年全国人口普查，全国人口密度为 135 人／km^2，约为世界平均水平的三倍。从人口的地线分布看，由沿海到内地，由平原到山地、高原人口逐渐稀疏，这是由人类生存对环境的要求所决定的。同时，这种分布趋势也是与经济发展的布局相适应的。

地球化学环境对人口数量及其分布也有明显的影响。由于地球化学环境因素，会导致某些区域产生地方病，威胁人类健康，当然对人口数量的增长产生影响；同样，地球化学环境影响人口的分布。

2.环境对人口素质的影响

人口素质是人口适应和改造客观世界的能力，人口素质包含的内容非常广泛，但大体上可分为身体素质和文化素质两大类，前者包括体格、体力、健康状况和寿命等，后者包括文化程度、劳动技能和特殊技能等。但任何一种人口素质特征都是遗传因素和环境因素共同作用的产物。

环境对人口素质的影响，主要表现在对人口健康的影响方面。人体血液中 60 多种化学元素的含量与地壳中这些元素的分布有着明显的相关性，其丰度曲线有一致性。因此，某些地区环境中某些元素的含量多少会影响到人体的生理功能，甚至可能对健康产生影响，进而形成疾病。例如环境中缺碘可导致地方病甲状腺肿的发生和流行；环境中含氟过高，可引起氟骨症，还有克山病、大骨节病都与环境中缺硒有关；我国的食管癌高发地区也有明显的环境因素；日本脑溢血病的分布与饮水酸度有着明显的关系；饮用硬水的居民，冠心病的发生率低，饮用软水的则相反等等。

生长发育状况是人口身体素质的重要组成部分，在遗传素质确定的条件下，生长发育状况的优劣完全取决于环境条件。各项研究表明，营养条件是影响生长发育的基本环境因素。能量、蛋白质、脂肪、碳水化合物、维生素和矿物质等各类营养元素在数量上和质量上对人体需求的满足程度，从根本上决定生长发育状况。而营养条件是否满足，又取决于很多环境因素。

二、人口对环境的影响

1.环境影响方程

生态经济学家常用环境影响方程来表示人口对环境的影响，环境影响方程表示为：

$$I = P \bullet A \bullet T$$

式中，I 代表影响，P 代表人口；A 代表消费；T 代表对环境不利的技术。从环境影响公式中可以看出，人口 P 显然是一个很重要的参数。不同的人群以他们不同的消费方式、消费水平和掌握的不同技术对环境造成不同的影响。

2.人口膨胀对环境的压力

目前，人口问题成了举世瞩目的重大问题。人口问题，从广义来理解，是由于人口数量的增加、体质下降、结构不合理及行为失控等导致的有害现象和过程，即可能对人类自身繁衍和生存环境造成负面影响的动态变化。狭义的人口问题就是人口数量问题。本处仅涉及人口问题直接诱发的环境问题。

不少人忧心忡忡，认为我们这个星球由于人口增长而面临着人口危机，甚至将目前世界人口的激增称为"无声的爆炸"。中国是世界上人口最多的国家，虽然，中国计划生育工作取得了明显的成效，人口猛增的势头得到了初步控制。自全面推行计划生育以来，中国少生了约两亿多人。但中国面临的人口形势依然严峻，实现控制人口的任务仍然十分艰巨。中国人口基数大，增长速度快，素质较低，地域分布不平衡，且农村人口分布不平衡，城市人口增长过快。上述这些特点对环境造成强大的压力。

（1）人口增长对土地资源的影响

土地资源是人类赖以生存的基础。在人类生存所需的食物能量的来源中，耕地上生长的农作物占 88%，草原和牧区占 10%，海洋占 2%。随着对海洋的开发利用，海洋为人类提供的食物能量将会增加。从目前来看，全球适于人类耕种的面积约为 $3 \times 10^9 hm^2$，人均只有 $0.5 hm^2$。但是，这有限的耕地资源仍在不断地减少。其主要原因是：第一，由于人口的增长，城乡的不断扩展、工矿企业的建设、交通路线的开辟等，每年约有 $10^7 hm^2$ 耕地被占用。第二，为了解决因人口增加而增加的粮食需求，一方面对土地过度利用，其结果是耕地表土侵蚀严重，肥力急剧下降；另一方面为了增加耕地面积，不得不砍伐森林、开垦草原、围湖造田，其结果破坏了生态平衡。上述两个方面的最终危害是导致土地沙化。全世界每年因沙化丧失的土地达 $6 \times 10^6 \sim 7 \times 10^6 hm^2$。第三，为了提高单位面积粮食产量，除了推广优良品种，改良土壤和精耕细作外，就是大量施用化肥和农药，而后者已成为污染土壤的重要因素。上述原因促使世界人口增长与土地资源减少之间的矛盾越来越尖锐，人口增长对土地资源的压力越来越大。中国的情况更为突出。按照中国目前的生产力，需要人均 $0.2 hm^2$ 左右的土地，才能最低限度地养活全部人口和支持经济和工业的适度发展。然而，当前的人均土地面积不足上述面积的 1／2，再加上水土流失、土地沙化、土壤次生盐渍化、土壤污染、工业和城市发展蚕食耕地等种种原因，又使我国耕地面积正以每年 $4.7 \times 10^5 \sim 6.7 \times 10^5 hm^2$ 的速度减少。人口对土地的压力形势是严峻的，必须从多方面采取强有力的综合对策，力争人口与土地的矛盾从恶性循环状态向良性循环状态转化。

（2）人口对森林资源的影响

人口增长，人类需求也不断增加，为了满足其衣、食、住、行的要求，在一些地区，不得不冲破自然规律的制约，不断进行掠夺性开发，包括毁林造田、毁林建房、其他不当的管理等，结果使越来越多的森林资源受到破坏，世界森林曾达到 $7.6 \times 10^9 hm^2$，现在减为 $2 \times 10^9 hm^2$ 多。20 世纪 80 年代，热带雨林主要生长国巴西、印度尼西亚、扎伊尔三个国家每年被砍伐的林木超过 $2\times10^6 hm^2$。科特迪瓦是世界上人口自然增长率最高的国家之一，1987 年其人口增长率为 3.0%，而每年森林损失率为 5.9%。半干旱地区也因大量开采薪炭林，导致林木密度减少。

我国在历史上是一个森林资源丰富的国家。但随着人口的增加，耕地需求的增加，森林资源承受着过重的需求压力，大量森林被砍伐破坏，已使我国变成了一个少林国。在世界 160 个国家和地区中，名列第 120 位。人均森林面积仅 $0.11 hm^2$，相当于世界人均的 18%。我国人均占有林木蓄积量很低，为了满足人口增长和经济建设的需要，诱发了过量开采；农村人口增长和农村能源短缺，导致乱砍乱伐；人口增长对粮食和耕地的需求压力加剧了毁林开荒；森林是具有多种效益的可更新资源，但长期以来，我国森林却重砍伐轻抚育，加剧了人口与森林资源的矛盾，加之林区人口密度大，素质差，森林灾害加重等，都使我国的森林资源遇到严重破坏。

（3）人口增长对能源的影响

能源为人类生活和生产所必需。随着人口增加和工业现代化进展，人类对能源的需求量越来越大。据统计，1850～1950 年的 100 年间，世界能源消耗年均增长率为 2%。而 20 世纪 60 年代以后，工业发达国家年均增长率达到 4%～10%，出现能源紧缺危机。

人口激增，造成能源短缺，是一个世界性的问题。为了满足人口和经济增长对能源需求与消耗，除了化石燃料外，木材、秸秆、粪便都成了能源，给环境带来巨大压力。发展中国家的燃料有 90% 来自森林，造成森林资源的破坏。许多地区树木被砍光，植物秸秆被烧光，甚至牲畜粪便也用来做燃料。据联合国粮农组织估算，在亚洲、近东和非洲，每年作燃料燃烧掉的粪便大约为 $4\times10^8 t$，使农田肥力减退，人民生活更加贫困。全球目前以化石燃料为主，生产和生活中所消耗的煤、石油和天然气等释放出大量的 CO_2，再加上热带雨林的砍伐等，使大气中 CO_2 浓度增加，从而可能导致温室效应，改变全球气候，危害生态系统。

我国能源的产量和储量绝对数量大，但人均占有量很少。随着国民经济的发展和人民生活水平提高，对能源的需求还将大幅度上升。逐年增长的能源消耗，加上中国以煤为主的能源结构，对环境潜伏着巨大压力。

我国人口的迅速增长，能源供给长期短缺，缺少选择优质能源的余地，阻碍了清洁、热量高的优质能源替代劣质能源的进程，能源消费者不得不使用各种低热值的"脏"的能源。如城镇人口增长过快，煤气还不能普及，集中供热也局限于一定区域。农村人口众多，人口增长快，生活用能总量大，商品能源供给困难，不少地区的农村能源还以秸秆、薪柴、畜粪等非商品能源为主。导致植被破坏，水土流失加重，河床抬高，水库淤积，灾害增多；由于秸秆不能还田，耕地有机肥奇缺，土壤板结，肥力下降，恶化了耕作条件，易旱易涝，病虫害增加，进一步影响农作物产量。

（4）人口增长对水资源的影响

淡水是陆地上一切生命的源泉。地球上的淡水资源并不丰富，淡水资源主要来自大气降水。由于人口分布极不均匀，再加上降水的分配量无论从空间上还是时间上也都极不均匀，因此，世界上许多地区淡水不足。加上人口激增，用水量不断增加，同时污水排放量也相应增长，使本来就不丰富的淡水资源显得更加紧张，目前全世界已有十几个国家发生水荒。

我国人口增长，尤其是建国后人口急剧膨胀，加剧了供水不足和水资源浪费，使人类与水的矛盾十分紧张。建国初期到现在，人口从 6 亿增加到 12 亿多，增长了一倍，相当于人均水资源员减少一半以上；同时，随着人民生活水平的提高，城市人口的膨胀，经济的发展，人均用水量、生活用水量和生产用水量大大增加，导致大范围的缺水。据统计，我国缺水的城市已达 200 多个，仅山东省年缺水就达 $1.2 \times 10^{10} m^3$ 以上。我国既存在水源不足，又存在用水效率低、浪费严重的问题，更加剧人—水矛盾。特别是北方地区缺水严重，直接影响这一地区工农业生产发展和城市广大群众生活用水供应。我国西北干旱地区和一些高原地区，缺水情况更难缓解。

（5）人口膨胀对城市环境的影响

城市是人类改造环境的产物，随着人口的增长，人口大量向城市集中。人们的生产和生活活动的强度在城市生态系统格外大，影响力突出，并产生了诸多的环境问题。城市是文明和进步的象征，是国家和地区的政治、经济、文化中心。

我国城市市区面积仅占国土面积的 1‰，但居住着全国 15％以上的人口，集中了 90％以上的工业产值和 75％左右的自然科学人才。人口城镇化是社会发展的趋势。但人口过分集中，也导致了住房拥挤、交通堵塞、基础设施建设滞后、环境污染严重等一系列"城市病"。

由于城市是人口最集中，经济活动最频繁的地方，也是人类对自然环境干预最强烈，自然环境变化最大的地方，而且这种变化往往是不可逆的。在城市集中了大量的工矿企业，人类的生产和生活活动消耗了大量的能源和物质，伴随着生成大量废弃物，远远超出了自然净化能力，城市成为污染最严重的地区。

城市生态系统又是一个多功能的复杂而脆弱的生态系统，只要其中某一环节发生问题，就会破坏整个城市生态环境的平衡，造成严重的环境问题。

人口增长对环境的压力，还包括对其它资源的压力，如对矿产资源、草地资源等，也还包括对气候环境，对工业生产及人类生活环境各方面的影响，这种影响无论在发达国家还是在发展中国家都有不同程度的存在。但发展中国家生态环境的破坏程度远比发达国家大，主要是人口增长的压力造成的。许多发展中国家，人口已超过它本国资源的承载力。如我国的人均耕地、森林、草原、水资源均低于世界人均水平。

第二节　自然资源的开发利用与环境保护

一、自然资源的自然属性

自然资源是在一定的时间、地点、条件下，能够产生经济价值以提高人类当前和未来福利的自然环境因素。自然资源通常有土地资源、水资源、气候资源、生物资源、矿产资源等门类。自然资源既有自然方面的属性，也有社会方面的属性。从自然属性来看，自然资源有整体性、有限性、多用性、区域性、发生上的差异性等。

1.整体性

各个自然资源要组有不同程度的相互联系，形成有机整体

2.有限性

自然资源的规模和容量有一定限度。有限性决定自然资源的可垄断性，决定对自然资源必须合理开发利用。如果规模是无限的，就不称为自然资源了。

有限性决定自然资源替代状况的重要性。按照自然资源的替代状况，可将其分为两类：一类是可以替代的自然资源，如木材等各种材料资源；一类是较难替代的自然资源，如水、氧气等。从长远的观点看，不可替代自然资源的重要性在上升。淡水资源是大量消耗的不可替代资源，被称为21世纪的"石油"。美国五大湖占全世界淡水资源五分之一，占全美国淡水资源95％。第二次世界大战以后，传统工业发达的五大湖地区成为经济萧条区。沿湖各州寄望于向西南缺水区出售淡水，实现经济再振兴。

3.多用性

大部分自然资源有多种用途。随着社会经济技术的发展，自然资源的用途在拓宽。以河流资源为例，首先出现汇洪、排水、补给地下水和供鱼类繁殖的功能。农业社会出现灌溉、运输功能。工业社会出现发电功能。近来，调节小气候、净化大气、水质等环境功能，娱乐、陶冶情操、景观等休憩功

能，防灾避难功能等方面正在上升。

多用性决定了综合开发、优化开发，这是利用自然资源的重要方向。

4.区域性

自然资源的空间分布很不平衡。有的地区富集，有的地区贫乏。自然资源分布不平衡决定了自然资源在地域间的流通和调给。

自然资源按空间流通形式可分三类。第一类是可移动的自然资源，如径流，第二类是制成品可移动的自然资源，如矿石、木材等；第三类是不可移动的自然资源，如土地。

5.发生上的差异性

每类自然资源都按特定的方式发生变化。从发生角度可以将自然资源分为三类：

①可再生的自然资源，如太阳能、风能、径流等，周期性连续出现；

②可更新的自然资源，包括动物资源和植物资源。更新取决于自身的繁殖能力和外界的环境。人类应当引导它们向有利于社会的方面更新，以便永续利用。保存种源是保护更新自然资源的基础；

③不可再生自然资源，如矿物燃料，金属矿、非金属矿等。这类资源的形成周期长，总量有限，消耗多少就减少多少，应当杜绝不可再生资源的浪费和破坏。

二、自然资源管理的基本原则

1.自然资源有偿使用的原则

长期以来，人们往往认为自然资源是自然的馈赠，因而无价索取使用。人们对诸如水、空气等自然资源，认为只具有使用价值，本身没有交换价值。对自然资源的这种无偿性的认识，给资源造成浪费与破坏、对国民经济的发展起到极大的消极作用。当前我国还存在的"产品高价、原料低价、资源无价"的严重价格扭曲现象，其主要根源就是这种自然资源无价的传统经济观点及其派生出来的不合理定价方法。这种资源价格体系的紊乱，导致资源市场无法启动和运转，市场调节作用无从发挥。显然，在这种情况下，单靠行政手段，根本无力纠正和抑制目前的滥用及浪费资源的倾向。为促进资源的合理开发和节约利用，增进基础材料产业的发展，国内外不少学者提出了对自然资源有偿使用的办法，即依靠价格这个有力的调节杠杆，建立和完善资源产品和资源市场，把自然资源看作资产加以利用和管理。

2.实行谁开发利用谁保护的原则

长期以来，我国存在开发利用资源的部门无保护之责，而只有开发利用之权，结果造成了资源的极大浪费。要解决这个问题，就必须实行"谁拥有谁管理，谁开发利用谁保护，谁保护谁受益，谁破坏谁治理"的原则。要使管理者、保护者行使应有的职权，取得相应的经济效益；破坏者应担负治理责任。只有这样职责分明，职权清楚，才能把对自然资源的管理落到实处，而不是停留在口头上。

为此，要树立资源产权观念，建立资源资产管理制度，加强产权管理，实行资源所有权和使用权分离，对资源使用实行有偿使用和转让。建立和完善资源的产权制度，明确产权关系，强化对资源资产的管理，是改善资源利用和保护关系的基本社会条件。

3.开发利用自然资源委以生态理论为指导，保证生态平衡

自然资源是自然环境的组成部分，而自然环境又是具有内在联系的统一生态系统，系统中不断发生的物质循环、能量流动和信息传递，尽管形式多种多样，但系统的输入和输出，总的来说是趋于平衡的，这是一条客观规律。这条规律要求人们在现代化大生产的条件下，在制定自然资源的开发利用方案时，必须全面深入研究资源开发与周围环境的关系。使资源的开发利用符合生态规律，促进生态系统的良性循环。事实上，这种资源管理的生态观念，正日益深入地渗透到传统的农业、林业、渔业和野生动植物的经营与管理之中。

就资源的使用而言，生态规律要求资源的使用必须与资源的再生增殖、换代补给相适应，也就是说它们在客观上要保持着一种平衡的关系。因此，控制资源的过度消耗，保护、恢复、再生、更新、积累自然资源，进行资源的社会再生产，是扭转资源危机的主动和积极的战略举措。

4.约资源，综合利用的原则

科学的发展表明，就自然界整体而言，资源是无限的。这种对资源前景

抱有的乐观看法，其依据是：随着现代科学技术的飞速发展，人类将更善于利用自然资源，新的资源将不断出现，以弥补或取代原来的资源。例如，海洋和地壳的更深处就埋藏着大量的资源，一旦找到经济可行的办法，就会成为用之不竭的资源宝库。但是，就某一资源而言，在一定时期内和一定条件下，并不是取之不尽、用之不竭的，即资源是有限的。所以，应建立和健全节约资源的宏观经济调控体系，主要从以下方面入手：

①要制定有利于节约资源的产业政策，要使经济由资源密集型结构向技术密集型结构转变；

②要把提高资源利用效率作为制定计划、安排投资的重要指标，优先考虑资源利用效率高，环境效益、经济效益、社会效益明显的项目，强化对资源利用的计划监督；

③要逐渐废除那些变相鼓励资源消耗的经济政策，特别是在价格、税收、信贷、外贸等方面对资源或资源产品的使用者给予补贴或变相补贴的经济政策，强化对节约和综合利用资源的经济优惠政策；

④结合各部门各行业的工艺技术特点和发展方向，建立和完善一套相应的节约资源的技术政策和技术规范体系，特别是对那些资源密集型部门（如能源、冶金、化工等部门）开展这方面的工作，

⑤大搞综合利用。

第三节 土地资源的开发利用与生态环境保护

一、土地退化

1.土地退化程度的分级和类型

（1）土地退化的概念

土地退化是指土地资源质量的降低，而土地资源的质量通常是以其生物生产力来衡量的，因此，土地退化也就是指土地生物生产力的降低。土地退化的表现是农田产量的下降或作物品质的降低、牧场产草量的下降和优质草种的减少从而导致载畜量的下降，而在一般的林地、草原或自然保护区则是生物多样性的减少。

（2）土地退化程度分级

20世纪90年代初，UNEP开展了一个名为"全球土壤退化评价（GLASOD）的项目"，GLASOD将土壤退化程度分为轻度、中度、重度、极度四个等级：

①轻度：农业生产力小幅度下降，改变当前的土地利用方式，这种土地即能够完全恢复，原有的生物圈功能基本上未被破坏；

②中度：农业生产力大幅度下降，只有对土地管理系统进行重大改善，才能使土地得到恢复，原有的生物圈功能部分损坏；

③重度：在当地的土地利用管理系统下，这种土地已不再可能进行农业生产，只有重大的工程才能使这种土地得以恢复，原有的生物圈功能大部分被破坏；

④极度：这种土地已不再适于农业生产，而且很难恢复，原有生物圈功能被完全破坏。

（3）土地退化的类型

土地退化的类型分为四种：水土流失，风沙侵蚀，物理退化和化学退化。

在全球范围内，以水土流失这种退化类型最为严重，占退化总面积的56％，其次是风沙侵蚀，占退化总面积的28％，再其次是化学退化和物理退化，分别占 12% 和 4%。

水土流失：水土流失分为表层土损失和地形改变两种情况。表层土损失是指表层土随水流失。地形改变是指由于水的冲刷作用导致土壤的非均匀移动，从而形成沟壑，或引起山崩和塌方。表层土损失的退化面积远远高于地形改变的退化面积。

风沙侵蚀：风沙侵蚀分为表层土损失、地形改变和尘沙覆盖。表层土损失指表层土随风飞散，移走。地形改变指由于风的作用导致土壤的非均匀移动，从而形成沙丘或填平坑洼。尘沙覆盖是指风中携带的尘沙覆盖地面，是一种风沙侵蚀的异地影响。

物理退化：物理退化包括二种类型：板结、水涝和沉降。板结指由于重机械的挤压和畜群的践踏，使土壤结构退化而造成板结。另外，如果土表没有植被和枯枝落叶在雨水冲刷时保护土表层，土壤也会板结。水涝指由人类对天然泄洪系统的干扰，使雨水或河水浸泡、淹没土地。沉降指由于抽取地下水或氧化作用，有机质土壤沉降，使土壤的农业生产潜力下降。

化学退化：化学退化包括四种类型：养分损失、盐渍化、化学污染、土壤酸化。养分损失是指在中等肥力的土地上或贫瘠的土地上，由于有机肥和化肥用量不足所造成的土壤养分损失，还包括作物收获后秸秆等有机物质不还田所造成的养分损失。但不包括风蚀和雨水冲刷造成的养分损失，因为在这两种情况下，养分损失只是风蚀和雨水冲刷的副作用。盐渍化是指土壤含盐量的增加。人为因素引起的盐渍化通常是在集约化农业生产地区，因为不适当的灌溉，使咸水进入地表水，由于强烈的水分挥发，使原岩或地表水中的盐分在土壤中积累。化学污染包括农药、城市或工业废弃物、酸性物、油性物和其他物质引起的土壤污染。土壤酸化是由过度使用酸性化肥或土壤中黄铁矿的逐渐耗竭引起。

纵观水土流失，风沙侵蚀，化学退化和物理退化四大类型及其再分的 12 种小类型，在全球范围内，以耕层厚度变薄（表土层损失）、土壤养分损失和土壤板结三种最为严重。

2.引起土地退化的人类活动

GLASOD 把引起土地退化的人类活动分为移走植被、过度利用、过度放牧、农业活动和生物工业活动五种类型。

移走植被：移走植被是指由于农业生产、伐木、城市化和工业建设而使天然植被完全消失的情况。

过度利用：过度利用是指为了获得生活燃料，建设篱笆和房子必须用的木材而砍伐天然植被的行为。通常情况下，这种砍伐并不会导致植被的完全消失，但会引起植被退化和相应的土壤退化。

过度放牧：过度放牧包括家畜摄食引起的植被覆盖度减少和家畜游荡所产生的其他影响（如引起土壤板结）。

农业活动：农业活动包括所有可能引起土壤退化的不适当的土地管理方式，如有机肥的使用不足和化肥的过量使用，陡坡种植，干旱地区在没有适当的防风蚀措施下种植，不适当的灌溉方式，或不合理的耕作习俗破坏了结构脆弱的土地稳定性。

生物工业活动：生物工业活动是指使土壤面临污染危险的所有活动，如废物处置，农药和化肥的过量使用。

二、荒漠化

1.荒漠化的定义

荒漠化是土地退化的一种，它不是指一般的土地退化，而是指在脆弱生态环境下由于人为活动过度而引起的退化。荒漠化是一种在人为和自然双重因素作用下导致的土地质量全面退化和有效经济用地数量减少的过程。荒漠化的最直接结果是沙漠化。

2.荒漠化的等级和判断

20 世纪 70 年代，有人根据环境退化的严重程度，把荒漠化定性划分为四个等级：

①轻度：植物覆盖稍有或没有发生退化；

②中度：植被覆盖已退化到中等程度；小丘、小沙丘、小冲沟，这些表示风蚀或水蚀的地貌已经加速发生；土壤的盐度位作物减产 10%～50%；

③严重：令人不愉快的杂草和灌木丛取代了令人愉快的草地，或者杂草和灌木丛已经扩展为当地优势植物；片蚀、风蚀和水蚀已大量剥夺了地面植

被，或者出现了巨大冲沟；受排水和淋溶控制的盐度使作物减产已超过 50%；

④很严重：广大的、移动的、不毛的沙丘已经形成；巨大的、深的、众多的冲沟已经产生；在几乎是不适水的灌溉土地上已形成盐结皮。

3.世界荒漠化的分布

目前，全球有 12 亿人口受到荒漠化的影响，其中有 1.35 亿人在短期内有失去土地的危险；全球 100 多个国家和地区受到荒漠化的危害；全球陆地面积的 1／4 以上受到荒漠化的威胁；而且荒漠化还在发展中，从 1984 年的 $3.475 \times 10^9 hm^2$ 增加到 1991 年的 $3.592 \times 10^9 hm^2$，平均每年增加 0.5％。

荒漠化具有显著的区域性，在干旱区边缘和半干旱区尤为严重。非洲是世界上荒漠化最严重的洲。目前非洲有 1／5 的土地为沙漠，荒漠化土地在加速扩大。近 50 年来撒哈拉沙漠扩大了 $10^6 km^2$，目前还以每年 6km 的速度向南扩展。

在分布范围上，荒漠化不限于沙质荒漠的边缘，在东南亚、中国南方、赤道非洲以南、巴西的东北部的土地荒漠化，都是分布在具有干旱季节交替的湿润、半湿润地区。

三、中国土地资源开发利用中存在的主要问题

1.土地供需矛盾尖锐，人均耕地面积不断下降

我国是一个人口大国，人均土地相当有限。由于土地资源紧缺，经济建设与农业生产以及农、林、牧之间用地争地矛盾相当突出。耕地锐减和人口剧增使人均耕地占有量不断下降，1992 年人均耕地已减至 $0.105 hm^2$。同时，耕地过多的被占用，也使耕地面积急剧减少。有些企业、机关受土地无偿使用影响，占地过多，早征迟用，甚至征而不用，造成土地浪费。城市土地利用也存在着许多不合理的现象，比如大中城市中心商业区的土地开发利用不够，建筑层次偏少等。

2.土地荒漠化

（1）中国的荒漠化现状

根据 1996 年完成的全国荒漠化土地普查,中国荒漠化土地总面积达 2.623

$\times 10^{6}$km², 占国土总面积的 27.3%。其中沙漠化土地面积 3.71×10^{5}km², 占国土面积的 3.9%。且仍在以每年 2000km² 以上的速度扩展。中国还有大片易受沙漠化影响的土地。

沙漠化的发展, 不仅使土地退化, 也使我国沙尘暴发生越来越频繁, 且强度大、范围广。产生沙尘暴最主要的因素有两个, 一是出现能吹起扬沙的大风, 二是地面在大风条件下有干燥疏松的沙生物质提供。我国北方地区沙漠化的扩展使沙尘物质源区扩大。据统计, 我国北方地区从 20 世纪 50 年代共发生大范围强沙尘暴灾害 5 次, 60 年代 8 次, 70 年代 13 次, 80 年代 14 次, 90 年代 23 次。特别是 2000 年春季, 北方地区就发生强风沙天气 10 次。如 2000 年 4 月 15～21 日, 发生了一场席卷我国干旱、半干旱和半湿润地区的范围广大的强沙尘暴, 途经新疆、甘肃、宁夏、陕西、内蒙古、河北和山西西部, 4 月 16 日飘浮于高空的细土尘埃在京、津及长江下游以北地区沉降, 形成了大面积的浮尘天气, 北京、济南等地浮尘与降雨相遇形成了"泥雨"。仅新疆 12 个地区、州的 52 个县(市), 300 多个乡镇先后遭受了 20 年来罕见的强风暴袭击, 使交通、通讯、供电、供水受到严重灾害, 直接经济损失达 3.22 亿元。

(2)中国的荒漠化分区

中国荒漠化的分布一般可分为六个区:

①西北干旱区绿洲外围沙漠地区:共涉及 95 个县, 其中新疆 54 个县、甘肃 19 个县、宁夏 11 个县、内蒙古 11 个县。本干旱区沙漠化的共同特点是:沿河湖多, 绿洲多, 矿区多, 干旱区人口集中区多。西北干旱区集中了我国 90% 的沙漠, 但沙漠化土地以零星片状分布为主。水源地减少、水系的变化是土地沙漠化的主要原因; 沙漠前移速度较慢, 河西地区每年前移 3～5m, 民勤地区每年前移 8～10m; 绿洲靠灌溉支撑的, 都伴随有盐碱化现象; 在西北干旱区建设工矿交通设施, 易遭风沙危害。

②内蒙古及长城沿线半干旱草原沙漠化地区:共 94 个县, 其中内蒙古 59 个县旗、辽宁 3 个县、吉林 1 个县、河北 6 个县、山西 15 个县、陕西 7 个县、宁夏 2 个县、甘肃 1 个县。其特点是:沙漠化发生与干旱年、干旱季节有关; 开垦土地导致的沙漠化突出; 与沙质物质基础有关, 沙漠化有自然逆转的可能。

③北方东部半湿润风沙化地区：共 115 个县，其中黑龙江 10 个县、吉林 9 个县、北京 8 个县（区）、天津 1 个县、河北 18 个县、河南 30 个县、山东 35 个县、江苏 2 个县、陕西 1 个县、安徽 1 个县。其特点是：风沙危害有季节性；分布零星；以农田土壤风蚀为主；与河流下游、三角洲有关；洼地风沙化与盐碱化并存。

④南方湿润土地风沙化区。

⑤海岸土地风沙化地区。

⑥青藏高原高寒土地沙漠化地区：如柴达木盆地、雅鲁藏布江河谷、藏西一些短的向西河谷等。

（3）荒漠化成因

荒漠化是人类不合理活动和气候因素共同造成的。专家们认为，在荒漠化的成因中，自然因素只占 5％，人为因素占 95％，如图 8-1。

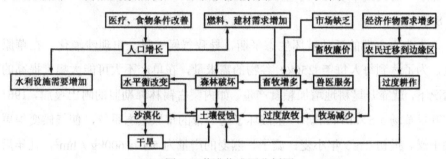

图 8-1 荒漠化成因分析图

自然因素主要是干旱的影响，即 1～2 年或更长时间里年降水量低于多年平均，或者是一个干旱时期持续达 10 年的干旱化。近几十年来气候的干旱化，是加重荒漠化程度的主要自然因素。但干旱环境与荒漠化既有区别又有联系。干旱环境是一种自然现象，是经地质历史的自然演化而形成的；荒漠化则主要是在人为因素影响下诱发的土地退化过程，它以干旱环境为背景，人为荒漠化速度远大于自然演化速度；二者的共同点是都与干旱环境有关，但荒漠化还可出现在半湿润区；荒漠化的极端结果就是沙漠化。

荒漠化的发生发展与社会经济有着密切的关系。人类不合理的经济活动是荒漠化的主因，也是荒漠化的受害者，特别是人口增长每年超过 3.0％～3.5％时，对生产的要求增加，加大了对现有生产性土地的压力，促使生产边界线向"边缘"地区扩展，使潜在荒漠化土地成为荒漠化土地。

据研究，在我国北方荒漠化的成因中，草原过度农垦占 25.45%，过度放牧占 28.3%，过度采伐占 31.8%，工矿城市建设破坏植被占 0.7%，水资源利用不当占 8.3%，自然因素占 5.5%。

虽然气候暖干化趋势是我国北方地区沙漠化土地不断增大的一个重要背景因素，但人为因素起了最关键的作用。人为因素主要有：人口数量多，人口增长速度快。中国干旱区人口压力很大，现在北方荒漠化严重发展的草原南部农耕区人口已达到 $30\sim862$ 人 / km^2，乌兰察布草原人口密度超过 60 人 / km^2，早已超出了世界干旱区 7 人 / km^2 和半干旱区 20 人 / km^2 的标准。

农牧活动频繁。牧业地区人口增加，为了达到每人 $2\sim4$ 头标准牲畜单位的最低生活水平，必然导致牲口数量的增加，使草原的载畜量增加，草地负担加重。而我国草场的产草量仅为相同气候条件下美国的 1 / 27，新西兰的 1 / 83。

人为不合理的活动破坏生态平衡，导致气候干旱，出现沙漠化。在草原区，为了达到每人每年 250kg 谷物的需求量，在单产不大可能大幅度提高的情况下，就靠开垦耕地增加粮食产量。如内蒙古锡林郭勒盟的阿巴嘎旗，1961 年开垦草场 $1.5\times10^4hm^2$，严重破坏了这一带的草原生态系统，使气候变得更加干燥。最初 $2\sim3$ 年小麦、糜子、燕麦的产量为 $500\sim600kg$ / hm^2，几年后连种子也收不回来，封闭后生长的全是臭蒿等劣质草，
草场也随之破坏了。

工矿开发引起荒漠化。如晋、陕、内蒙古等煤炭基地，由于煤矿开发形成严重的荒漠化，使水土流失加剧，形成土石渣堆积物 $3.615\times10^6m^3$，高于河流水面 7m 多，行洪能力由百年一遇降为 20 年一遇；植被破坏加速了风速和土地沙漠化。

（4）防治荒漠化对策

①积极参与国际合作，履行签约国职责。联合国《21 世纪议程》"制止荒漠蔓延"一章，要求各国政府做到：

· 采取持续的土地使用政策和持续的水资源管理；

· 使用对环境无害的农业和畜牧业技术；

· 使用抗干旱、速生的品种，加速实施造林的再造林计划；

· 把关于森林、林地和自然精神的土著知识纳入研究活动。

《中国 21 世纪议程》"荒漠化防治"一章要求：扩大造林种草面积，减缓荒漠化土地蔓延速度；建立荒漠化监制和信息系统，减少人为破坏导致的荒漠化扩展；发展经济作物和温室农业，兴办工矿企业，建设荒漠化地区生态农业示范工程。

②中国西北山川秀美科技行动计划。中国荒漠化土地主要分布在西北地区。西北五省区开展的"中国西北山川秀美科技行动"，称为"中国西北'978'行动计划"，确定了十项科技工程：西北地区生态环境复查补查及信息科技工程；榆林盐地滩区防沙造田建设生态农业科技工程；黄土高原节水保土造田绿坡碧水科技工程；塔里木、柴达木、河西走廊治沙改土建设绿洲农业科技工程；秦岭祁连昆仑天山区开发与绿色保护工程；西北旱区大型共性水事活动及生态灌区建设科技工程；草原治理、草业建设、发展畜牧业科技工程；跨省区防护林体系及大型林网建设科技工程；工农业污染及城乡共环共建科技工程；西北地区名特稀贵农牧果蔬药杂产品及其产业化建设。

③防治沙漠化的技术。防治沙漠化的技术，一是增水，二是提高植被覆盖率。现在世界上已广泛使用的沙漠增水技术有海水淡化和雾中取水技术。后者是指在沿海有浓雾分布的干旱区，可从雾中取水。但这些技术不适于我国荒漠化地区。对于我国适用的技术主要有：

· 防止沙漠移动技术。在有水源和地下水较多的地区，大量植树造林，恢复植被，可阻挡沙漠的流动。如宁夏中卫沙坡头的铁路防护林建设。营造草方格，为我国科技工作者首先在宁夏沙坡头防沙工程使用。喷洒化学树脂，形成薄膜覆盖，可防止起沙和流动。

· 节水技术与土地利用技术。在沙漠区搞节水灌溉和温室种植；在沙质沙漠覆盖较薄的地方，可搞剥沙种植，此项技术已在榆林市试验成功。

④人口对策。严格控制干旱区的人口数量，提高人口素质，规范人为活动。

3.水土流失

中国是世界上水土流失最严重的国家之一。水土流失现象遍布各省（区），尤以黄土高原和南方红壤丘陵区最为严重。全国水土流失面积 $3.67 \times 10^6 km^2$，占国土面积的 38.2%。每年流失土壤 $5 \times 10^9 t$ 多，为世界陆地剥离泥沙总量的 8.3%。

造成水土流失的直接原因是植被破坏、陡坡开垦、坡地过度放牧以及采矿等人类活动。建国以来，政府虽然采取各种措施，进行水土保持，并且取得很大成绩，但由于多种原因，水土流失面积仍在扩大。20 世纪 50 年代初期全国水土流失面积为 $1.53 \times 10^6 km^2$，到 90 年代达到 $1.79 \times 10^6 km^2$，在 40 年中，全国水土流失面积增加了 $2.6 \times 10^5 km^2$。表 8-1 列出了我国主要江河流域水土流失概况。至于由水土流失引起的土壤肥力降低，水库淤积，河流航道和港口淤浅等一系列生态后果，造成的经济损失则难以估算。

表 8-1 我国主要江河流域水土流失概况

江河名称	流域面积 (km²)	水土流失面积 (km²)	年均降水量 (10⁸m³)	年均降水深度 (mm)	年均径流量 (10⁸m³)	年均输沙量 (10⁸t)	侵蚀模数 t/(km²·a)
黄 河	752443	430000	3719	468	688	16.000	3700
长 江	1808500	562000	19162	1060	9600	5.240	512
淮 河	237447	67100	2839	867	766	0.126	104
海 河	319029	123500	1775	556	292	1.750	1130
珠 江	450000	57000	8945	1547	3458	0.862	190
辽 河	345207	75000	1945	555	486		
松花江	545653	64400	578		706		14

4.土壤次生盐渍化

1992 年我国盐渍化土地 $7.6 \times 10^6 hm^2$。中国的华北、东北和西北地区，由于灌溉不合理，造成大面积土地次生盐渍化。从 1958 年到 1978 年的 20 年间，中国有 $6.6 \times 10^6 hm^2$ 的耕地退化为次生盐碱土。许多灌区次生盐碱土可占到灌溉面积的 15%。从 20 世纪 70 年代起，全国各地大力开展盐碱土治理工作，停止不合理灌溉，疏通河道，完善排灌配套工程以及采取生物和农业技术措施等，使盐渍化现象得到控制。特别在华北和东北平原。

第四节 水资源的开发利用与环境保护

一、水利工程对水圈的影响

几千年来，人类为了开发水利、消除水患，修堤筑坝、开渠凿井、疏浚河道……工程规模愈来愈大，对水圈的干预愈来愈强烈。这些行动在达到其预期目的同时，有些已对环境造成了危害。

1.大型水库的环境效应

大型水库一般是多功能的，具有防洪、灌溉、给水、发电、养殖和旅游娱乐等多方面的作用。然而，事物总有其二重性，与中小型水库相比，大型水库往往存在一些不可避免的问题。大型水库除造价高昂，淹没区大，安置淹没区移民数量多等重大问题外，水库有时还产生一些不良的生态学效应，例如为了防汛的目的常在汛期前大量放水，如果适逢鱼类产卵期，浅水的产卵区被排干，影响孵化；水库下游入海水量减少，河口地区海水入侵，并渗入地下淡水含水层，使其盐度升高，妨碍陆生植被与农作物生长；入海淡水量减少还可能增加河口地区海水的盐度，一些有经济价值的鱼类可能不适应这种变化，如北美洲西北部原先盛产的鲑鱼因许多河流筑坝后影响了其回游与产卵而减少了 90%，水库拦蓄泥沙，使入海泥沙量减少，破坏了河口地区的沉积与侵蚀平衡，往往引起海岸的侵蚀，岸线后退。大型水库还可触发地震，在坝基不良或溢洪能力不强等条件下，还可能触发坝基坍塌，带来安全问题。

可见，修筑水坝在给人类带来巨大利益的同时，也可能造成一些环境问题和社会问题，达主要是由于对坝址与库区的地质、水文和气候等自然条件了解不够，或是由于设计、施工或管理运营不当所造成的。

2.小河渠道化的利弊

所谓渠道化就是为了防洪的目的把整条小河流或某一河段挖深与取直，把天然河流变成人工的渠道。渠道化的最大利益就是便于排水防洪，使两岸农田的收成得到保障。另外河道截弯取直以后，残留的河曲形成一些小湖沼，可能有娱乐价值，或者可成为野生生物的栖居地。然而，渠道化常常带来一系列生态学、水文学的问题。

首先，渠道化可能对水生生物系统带来灾难的影响。渠道化清除了河道中原有的饵料和河床覆盖物，原来多种多样的底栖生物遭到消灭或迁徙他处；两岸植被清除以后，不再有落叶给河水带来养分，随之落入河中的昆虫也几乎绝迹，减少了鱼类的饵料来源；天然河流深浅相间，鱼类栖息在深水处，浅水处则为饵料昆虫的繁殖场所，渠道化后平坦的河床消灭了这种差别，加上许多渠道化的河流夏季完全干涸，水生生物无处逃避，而天然河道中的深潭本来是它们的避难所；此外，两岸农田直逼河岸，所使用的除草剂与杀虫剂迅速排入河中，经常造成下游的死鱼事件。

其次为对河道的影响。由于清除了两岸的植被，河岸抗蚀能力降低；无树木荫蔽的河道受阳光直接照射，使河水温度升高，溶解氧降低；河道平直，流速增加，侵蚀能力增强，容易引起塌岸；河道挖深后一些地区地下水位降低，部分水井干涸，近海地带则导致海水入侵地下含水层，使其盐度增加，影响灌溉水的质量。

渠道化失败的例子已屡见不鲜，例如美国密苏里州黑水河的渠道化于1910 年完工，曲流取直，河道挖深，河流比降（单位距离的落差）增加一倍，过水面积增加 10 倍以上，流水侵蚀作用加剧，有一架桥梁于 1930 年道侵蚀坍塌，修复后又先后于 1940 年和 1947 年两次坍塌，桥梁的长度也由 27m 延长至 70m。该渠道的侵蚀速率为每年加宽 1m，加深 0.16m。而且河道挖深后，露出了底部的页岩、砂岩和石灰岩，河床光滑无泥，底栖生物不易着生，因而鱼类也随之减少。因为下游河床下为坚硬的石灰岩，挖掘作业费用过高，工程未能贯彻始终。结果整治过的河段洪水宣泄迅速，反而加重了下游的水灾。实质上是把上游的洪水转嫁给下游。

二、中国水资源可持续发展的途径

要建立起"以水定人口，以水定生产，以水定发展"的宏观调控机制。

各行各业要千方百计降低对水的需求，这要求工业发展必须按水资源条件设置，严重缺水地区不能不切实际地建设耗水大的企业，要根据水资源的变化情况，调整工业产业布局、产业规模和产业结构；小城镇建设不能撇开水资源现状，盲目地发展、扩大。各地都要从人口、资源、环境协调发展的高度，根据实际拥有的水量来制定自己的可持续发展的规划。要进一步提高民众水危机意识，建立起水是一种珍贵的再生资源意识。提高珍惜水资源、保护水资源的自觉性，在全社会形成节约用水的风气。控制人口的过度增长，有节制地开发土地，制止对森林和草地的人为破坏，确保新世纪国民经济和社会可持续发展。

要建立权威、高效、协调的水资源管理体制，全面实行水资源的统一规划、统一调配、统一管理，使有限的水资源得到高效合理利用。治理上，要树立大流域的观点和综合治理的观点，通过上下游、左右岸的共同努力，实现水资源的空间配置、时间配置、用水配置和管理配置。健全水资源整治与管理指导方案，水净化指导方案以及使用地下水的政策，形成水资源管理上的先进模式。

要制定治水的长远规划，统筹当与长远、南方与北方、上游与中下游、农业与工业、城市与农村的用水治水。当前首先要制定大江大河的防洪规划，南水北调规划，黄河时中下游用水规划等。

要对流域进行全面治理，否则不仅难以保护好下游地区的生态环境，上游中游地区生态保护和持续发展也无法得到保证。如黑河是张掖地区和额济纳旗的母亲河，也是该地区的生命线，由于黑河水的浇灌，才有额济纳绿洲的存在，才遏制腾格里沙漠和巴丹吉林沙漠的汇合；但是，如果出现"沙进人退"的结局，中游地区的张掖也不得安宁。这是一种唇齿相依的关系，表明了全面治理和合作治水的必要性。

把生态建设和水利建设结合起来，加大生态建设和水利建设的力度。生态建设是流域治理的根本，像长江、黄河等一些大江大河流域，治理开发中应以生态环境保护为前提，合理配置水资源。流域环境的变化与水害的关系见图 8-2.

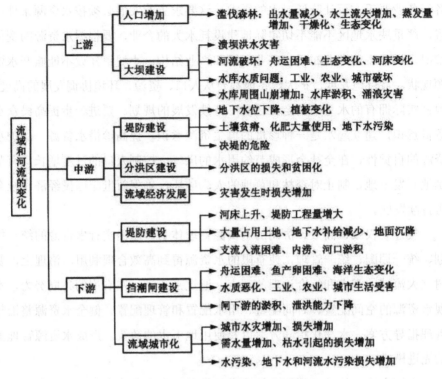

图 8-2 流域环境的变化与水害的关系

要加大水利资金的投入，在上游和干流建设一些水利工程，增加有效水量，减少水资源在河道中漫散、渗漏、蒸发，在灌区开展节水工程建设。

不断提高水资源管理技术。包括掌握水循环预测、水循环分析，建立起水资源循环体系，创造条件，逐步运用卫星分析系统，采用卫星图片，对自来水的供应和水灾进行预测，以及对蓄水工程进行调节，借以提高水资源的合理利用率，避免浪费。

改善农业用水，改进用水结构和技术。据 1996 年资料，我国农业缺水量为农业用水量的 30.6%。美国学者布朗预测，到 2030 年农业用水量将增加到 6.65×10^{11}t，工业用水量将增加到 2.65×10^{11}t，城镇居民用水将达到 1.34×10^{11}t。改善和调整工农业用水量，农业上更新"灌水越多越好"的传统观念，成为我国水资源可持续发展的重要途径。近年来，我国大力推进改进农田灌溉方式，如北京市有 20 万亩农田实施喷灌与滴灌；山东省烟台市在走向"精确农业"之路过程中，采用精确灌溉技术、自动监测等高科技，实现了农田灌溉喷灌化，果园微灌化，输水渠道防渗化，农田灌溉科学化，工程管理企业化，使农业走向低耗高效、优质环保的现代化农业。

节约城镇和工业用水，实施多次利用。我国城市缺水严重，城市取水又集中于相对小的面积范围内，近年大部分城市靠提取地下水补给，造成地下水超采。因此必须大力提倡节约用水，实施水的多次循环利用。减少工业用水，实现工业用水再循环和利用。世界工业用水量大约占世界总用水量的 1／4，一些主要工业国的工业用水量约占总用水量的 50%～80%，而发展中国家仅占 10%～30%。我国工业用水占总用水量的 24%，工业缺水量占工业用水量 44%，尤其是百余个缺水城市更严重。预计我国到 2030 年工业用水将增加到 2690 亿 t。采用工业的技术创新，运用高科技，实现工业用水的再循环、再利用乃是我国水资源持续利用的重要途径。

要合理制定水价，改变人们无偿用水的观念。各地需根据水资源状况，制定不同的水价和相应的用水定额，实行超定额用水加价的办法，利用经济杠杆促进建立节水型工业、节水型城市、节水型社会目标的实现。

第五节 森林资源的开发利用和保护

一、森林的生态作用

森林是陆地生命的摇篮，是天然制氧机，因此也是生物得以生存的基本保障。森林除生产生物资源外，还具有极其重要的生态功能。主要有：

1.蓄水保水、缓解旱涝等极端水情

生态系统的蓄水保水功能是由地上植被和土壤共同作用而决定的。在各类生态系统中，森林的这种功能最强。实验证明，在有林地区，日降雨 30mm 无水出；日降雨量 55～100mm，3 天后才见细水流出。年降雨量 1200mm 时，有林地区的水分消失量仅 50mm，而同样环境条件的无林地区可达 600mm，一亩林地比无林地至少能多蓄水 20m³。

对降水的储蓄作用在较大的区域内则表现为缓解旱涝等极端水情，减轻旱涝灾害。对这种功能的认识常常是通过反面教训得到的。如四川省曾是我国主要林区之一，解放初森林覆盖率尚有 20％，川西达 40％以上。到 20 世纪 70 年代末，川西地区森林覆盖率仅剩 14.0％左右，川中丘陵区 58 个县只有 3％，其中 11 个县不到 1％。与此相应，有 46 个县年降雨量减少 15％～20％，20 世纪 50 年代三年一遇的伏旱，变成三年两遇，甚至连年出现，旱期亦由过去 15～20 天延长到 40～50 天。与此同时，春旱加剧、无霜期缩短、暴风和冰雹灾害亦加重。1991 年，四川地区发生了严重的洪水灾害，事后评估认为，缺乏森林覆盖是其主要根源之一。

2.保护土壤，防止水土流失

土壤侵蚀的自然营力主要是雨水和风。水土流失造成的主要危害是水分流失、肥力降低、土壤退化，降低了土壤的生物生产能力；水土流失导致地面变形，沟道切割，地面支离破碎，降低土地的使用价值；水土流失导致河道和水库、湖泊淤塞，降低其发电、灌溉、蓄水滞洪的能力等等。

高大植物的冠盖拦截雨水，削弱雨水对土壤的直接溅蚀力；地被植物阻截径流和蓄积水分，使水分下渗而减少径流冲刷；植物根系具有机械固土作用；根系分泌的有机物胶结土壤，使其坚固而耐受冲刷，根系发达使土壤疏松，增加雨水下渗能力而减少流失等。

3.防风固沙，防止土地沙漠化

森林和地面植被具有防风固沙、防止土地沙漠化的功能。当风经过林地或林带时，部分进入林内，受树木枝叶的阻挡以及气流本身的冲击摩擦，风速大减，另一部分则沿林缘攀升，由于林冠起伏不平，使湍流增强，消耗掉部分能量，风速亦降低。一条有疏透结构的防风林带，其防风范围在迎风面可达林带高度的 3～5 倍，背风面可达林带高度的 25 倍。在这段范围内，风速可降低 40%～50%，密集林带可降低风速达 75%～80%。

除了高大林木的阻挡作用之外，植被的根系均能固沙紧土、改良土壤结构，从而可大大削弱风的携沙能力，逐渐把流沙变为固定沙丘。植被的凋落物为土壤带来有机质，可以培肥贫瘠的土壤，增加更多植物生存的可能性。植被截留有限的降水，增加土壤水分，反过来对于形成固沙植被又起着推动作用。

4.保护和维持生物多样性

在陆地，森林生态系统对生物多样性保护有特别重要的意义。森林的多层次结构特点和森林涵蓄水分及林地较高的肥力，为植物提供了良好的生存与发展条件。郁闭林木形成的隐蔽和挡风遮雨环境，适宜的温度湿度，密集林冠和树穴树根隧道为动物栖居提供的良好场所，植物多样性也为动物生存提供了丰富食料，使森林成为多种生物的乐园。

5.净化和更新空气，改善气候

绿色植物通过光合作用吸收 CO_2、放出 O_2，是地球大气成分平衡的重要机制。树木在光合作用中每吸收 $CO_2$44G，可以释放 $O_2$32g。1hm² 阔叶林在生长季节，每天能吸收 $CO_2$1000kg。据估算，现在地球的森林生物量为 $1.65×10^{11}$t，折算成碳家约为 $8×10^{10}$t；现存于大气中的 CO_2 折算成碳素约 $7×10^{10}$t。如果世界森林减少一半，那么因森林减少而少吸收的大气 CO_2 和森林物质自然分解释放的 CO_2 量，就会使大气 CO_2 浓度成倍增加。

森林是地球生物圈的支柱，其生物量占地球全部植物生物量的 90%左右，亦是主要的有效贮碳库之一。据研究，热带森林及其土壤的含碳量一般比取代它们的农田高 20～100 倍。每毁灭 $1hm^2$ 热带森林就可能给大气增加 100t 碳的 CO_2。温带森林的碳贮存比较稳定而持久，每年每公顷温带森林可固定的大气碳约为 1.4～5t。增加绿色植被特别是增加森林覆盖率，已成为控制大气 CO_2 增加的一项战略措施。

森林能够防风，植物蒸腾可保持空气的湿度，森林可以调节温度，从而改善局部地区的小气候。绿色植物还对保持空气清洁和净化大气污染物具有独特作用。这种作用包括抑烟滞尘、吸收有毒气体、释放有益健康的空气负离子和杀菌剂等。

二、森林资源破坏对环境的影响

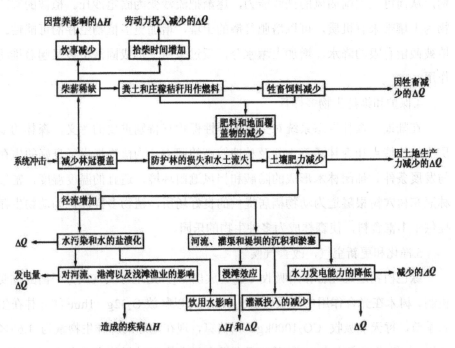

图 8-3 森林砍伐对生态的影响

图 8-3 显示了砍伐森林的各种影响，图中的 ΔQ 是指已经衡量的发展指标表示的影响，ΔH 是指对健康的影响。简要说来，森林资源破坏会引起生态平衡的失调。森林面积的锐减，使复杂的生态结构受到破坏，原有的功能消

失或减弱，导致生态平衡失调，环境质量退化，引起水土流失，土质沙化，破坏野生动植物的栖息和繁衍场所，造成野生动植物物种减少，生态破坏造成大批生态难民，使人民生活贫困，也使自然灾害频发。

森林的减少也使泥石流、滑坡等灾害加重，入湖泥沙增多，调蓄能力降低。长江流域总共有 4000 多条危害程度较大的泥石流，从源头到河口有 1203 处滑坡，遍布全流域；三峡库区以上，年水土侵蚀总量超过 $1.5 \times 10^9 t$，年入江泥沙 $4 \times 10^7 t$，涉及重庆、涪陵、万县等地区的滑坡近 300 处，滑移体积 $2.655 \times 10^9 m^3$，崩塌 129 处，库岸直接入江的泥石流有 13 条，未直接入江的泥石流 20 条。进入洞庭湖的泥沙每年约 $3 \times 10^7 t$，主要来源于长江上游。

三、森林的保护和重建

禁伐天然林，因地制宜封山育林、退耕还林，坚持不懈地植树造林，强化对森林的抚育和管理，是保证森林资源永续利用的前提。根据《全国生态环境建设规划》的要求，在不同类型的生态区，采取不同的对策使森林资源增殖，改善生态环境。

黄河上中游地区要以小流域为治理单元，综合运用工程措施、生物措施和耕作措施治理水土流失。陡坡地退耕还林还草，实行乔、灌、草相结合，恢复和增加植被，在砒砂岩地区大力营造沙棘水土保持林。长江中上游地区以改造坡耕地为主攻方向，开展小流域和水系综合治理，恢复和扩大林草植被，控制水土流失。保护天然林资源，支持重点林区调整结构，停止天然林砍伐。营造水土保持林、水源涵养林和人工草地，有计划有步骤地使坡度在 25° 以上的陡坡耕地退新还林还草，禁止滥垦乱伐，过度利用。"三北"风沙综合防治区要在沙漠边缘地区，采取综合措施，大力增加沙区林草植被，控制荒漠化扩大趋势。禁止毁林毁草开荒。南方丘陵红壤区要生物措施和工程措施并举，加大封山育林和退耕还林力度，大力改造坡耕地，恢复林草植被，提高植被覆盖率。山丘顶部通过封育治理或人工种植，发展水源涵养林、用材林和经济林。坡耕地实现梯田化，发展经济林果和人工草地。北方土石山区要加快石质山地造林绿化步伐。多林种配置是开发荒山荒坡，陡坡地退耕造林种草，积极发展经济林果和多种经营。东北黑土漫岗区要停止天然林砍伐，保护天然草地和湿地资源，完善三江平原和松辽平原农田林网。青藏高原冻融区要以保护现有的自然生态系统为主，改善天然草场，加强长江、黄河源头水源涵养林和原始森林的保护，防止不合理开发。草原区要保护好现有林草植被，大力开展人工种草和改良草场（种），配套建设水利设施和草地防护林网，加强草原鼠虫灾防治，提高草场的载畜能力。

第六节 能源的开发利用与环境

一、能源开采和加工对环境的影响

化石燃料开采、加工、运输和燃烧耗用对环境都有较大的影响。下面主要分析化石燃料的开采和加工对环境的影响。

（1）煤炭开采和加工对环境的影响

煤炭开采和加工对环境的影响主要在以下几个方面：

①地表沉陷。煤矿井下开采破坏地层力学平衡，形成采空区，引起岩层位移、变形、地表沉陷。开采面积愈大，层数愈多，沉陷愈严重。地表沉陷会破坏农田、道路、管线、建筑，并会污染水源。

②露天开采占地。煤矿露天开采要占去大量土地，对地表水和地下水产生不良影响。

③酸性矿井水的影响。井下涌水大多影响生产，抽排到地表便形成矿井水。矿井水主要含有可溶性无机物和悬浮煤粉。煤矿含硫较高时，矿井水 pH 值一般在 6 以下，通常称为酸性矿井水。酸性矿井水会腐蚀井下各种设备，排出地表会污染水体和土壤。

④矿井瓦斯。瓦斯是成煤过程中形成的天然气，主要是甲烷（约占 99%），还含乙、丙、丁烷和 SO_2、CO、CO_2、H_2S 等气体，对人体有害，并且易发生爆炸。瓦斯不仅污染环境，特别是影响井下工人的身体健康和生命，还会威胁井下作业的安全。

⑤煤炭贮运中的污染。煤炭在贮运中，由于设施不完善和管理不当，会造成煤炭的自然流失、飞扬，既浪费了资源，又污染了水、空气，还会影响矿区、道路沿线的环境。

⑥洗煤厂排放水。煤炭洗选主要是为了去掉煤中的杂质，如灰分、硫分等。这样可以提高煤的发热值，减少煤的污染，也减少运输量。但是大量的洗煤水排入周围环境，就会造成不良影响。洗煤水中的主要污染物是煤泥悬

浮物，如不处理，可淤塞河道，影响生物的活动，同时乌黑的排水也大大地影响了周围景观。

⑦煤矸石。煤炭开采和洗选中有大量煤矸石排出，一般占原煤产量的15％左右。我国目前已存煤矸石 1.2×10^9 t 多，占地 10 万多亩。煤矸石的堆放不仅会占用大量土地，而且会影响景观和生态环境。煤矸石自然排出大量 SO_2、CO 等有害物质污染大气，同时会造成酸性水污染。煤矸石的堆放和自燃已成为煤炭工业的主要环境问题。

⑧煤炭的焦化和气化。焦化和气化是综合利用煤炭的重要途径。焦化是在隔绝空气条件下干馏得到焦炭、半焦炭、煤气。而气化是加工得到煤气。通过焦化和气化可得到较干净的燃料，但焦化和气化过程对环境有较严重的污染。这是因为焦煤气中含有芳香烃碳氢化合物、氰、焦油、酚等有害物质，这些有毒、有害物质随废水、废气排入环境，造成污染。

（2）石油开采加工对环境的影响

石油开采及其加工对环境的影响主要表现在：

①钻井泥浆。石油勘探和开采时，需要使用大量泥浆，钻完井后废弃在井场。由于泥浆中加有烧碱、铁络盐和盐酸等物质，因此会对钻井周围的水域、农田造成不良影响。在原油开采过程中，如发生事故，还会喷出大量含油泥浆。井喷不仅会造成人员伤亡和原油损失，而且还会污染大片农田或海域。

②含油污水。含油污水来源广泛，在钻井和采油过程中产生含油废水和洗井水，在炼油过程中产生大量含油冷却水均为含油污水。在这些污水中，除含有油外，还含有酸、碱、盐、酚、氰和一些有机污染物。钻井、采油、炼油和贮运中产生的含油污水会污染海洋、淡水水域和土壤。

③石油废气。开采原油伴有一定油气，称伴生气；石油加工过程中可产生炼油厂废气；石油贮运也可以有气体挥发。这些气体可收集利用，但排入大气则造成污染。

④炼油厂废渣。炼油厂在精炼石油过程中会产生酸渣、碱渣、石油添加剂废渣、废催化剂和废白土。污水处理时会产生污泥、浮渣等。通常采用坑埋、堆放或直接排入水体的方法，由于这些污染物含有油、硫、磷、铁、酚

等杂质，如处置不当，会对水体、土壤造成污染。

（3）天然气开采对环境的影响

天然气开采中主要有两种污染物：一是硫化物，为保护管道，在天然气开采时首先脱硫，但转化率不高时尾气污染严重；二是伴生盐水，排入河流成为一害。

二、化石燃料利用过程中的环境污染

目前除极少数化石能源用作化工原料外，基本上都用作燃料，燃料的有效利用只有 1／3 左右，其余都作为废物排入环境中。化石燃料在利用过程中对环境的影响，主要是由燃烧产生的废气、固体废物和发电时的余热所造成的污染。汽车、锅炉是城市的两大污染源。

化石燃料燃烧产生的污染物对环境造成的影响主要表现在如下几个方面：

（1）温室效应

由于开采和燃烧化石能源，以及大规模地砍伐森林，人们已经破坏了碳的正常循环，大气中 CO_2 的浓度持续上升。CO_2 是引起温室效应的主要气体，因此使温室效应增强。

（2）酸雨

化石燃料燃烧释放出大量 SO_2、NO_X，它们在大气中遇到水滴或潮湿空气即转变成硫酸（H_2SO_4）与硝酸（HNO_3）溶解在雨水中，使降雨的 pH 值降低到 5.6 以下，形成酸雨。国外酸雨中硫酸与硝酸之比约为 2：1；而我国酸性降水中硝酸含量不及硫酸的 1／10。所以我国酸雨主要是大气中二氧化硫造成的，这与我国燃料以煤为主，以及大气污染的状况是相一致的。酸雨正在吞噬着地球上大片的生灵，其危害是多方面的。

（3）能源型空气污染

燃煤是我国大气污染物的主要来源。我国燃料燃烧、工业生产和交通运输产生的 SO_2、烟尘、NO_X、CO 四种主要污染物分别占总量的 70％、20％和10％。而燃煤燃烧排放的大气污染物数量占燃料燃烧排放总量的 95％以上。

我国煤的含硫量一般为 0.5%～3.0%，平均为 1.3，有的甚至高达 5%～7%。1999 年我国消耗标准煤 $9.5 \times 10^8 t$，排放 $SO_2 1.857 \times 10^7 t$，烟尘 $1.159 \times 10^7 t$。

（4）热污染

目前运转的各种火电站的热能平均效率约为 30% 左右。也就是说，约有 2/3 的热能没有利用，而成为"余热"排掉。许多火电站都通过冷却水把"余热"排入河流、湖泊或海洋中，大多数情况下会引起热污染。这种废热水进入水域时，其温度比水域的温度平均要高 7～8℃，鱼类会因升温或火电站事故时突然降温而死亡。此外，由于水源周围气温升高，栖息在该地区的动物将提前苏醒，而远离该地区的本应先行苏醒的动物却处于冬眠状态。动物苏醒次序的这种更迭，会造成生态系统中食物链的中断，生态平衡破坏，使提前苏醒的动物大批死亡或灭绝。

第九章 环境管理与环境法规

第一节 环境管理

一、环境管理的含义

什么是环境管理，目前尚没有一致的看法。根据联合国环境规划署和一些有关环境管理的专著，可暂作如下的定义："环境管理是对损害环境质量的人的活动施加影响，以协调发展与环境的关系。达到既要发展经济满足人类的基本需要，又不超出行星（地球）的生物容许极限"。这个定义包括以下三方面的内容：

（一）对损害环境质量的人的活动施加影响

这层意思可狭义地理解为利用法律、经济、行政和教育手段。控制人类的排污活动。

而当自然资源耗竭等问题受到广泛重视之后，环境管理将工作核心从污染控制转移向合理开发资源。环境管理的范围扩大到"污染环境、破坏自然资源的人的活动，应用法律、经济、技术、教育和行政手段施加影响（限制或禁止）。

（二）协调发展与环境的关系

环境管理是通过全面规划，协调发展与环境的关系；运用法律、经济、技术、行政和教育等手段，限制和禁止人类损害环境质量的活动，达到既要发展经济，又不超出环境的容许极限。

（三）环境管理的主要对象是人

在"人类—环境系统中，人与环境的关系既对立有统一，在这一对矛盾中人是矛盾的主要方面。环境管理运用的手段就是促进人类调整自己的经济活动和社会行为，实现经济与环境协调发展。

二、环境管理的特点

（一）综合性

环境管理的内容涉及土壤、水、大气、生物等各种环境因素，环境管理的领域涉及经济、社会、政治、自然、科学技术等方面，环境管理的范围涉及国家的各个部门，所以环境管理具有高度的综合性。

（二）广泛性

每个人都在一定的环境中生活，人们的活动又作用于环境，环境质量的好坏，同每一个社会成员有关，所以环境管理具有广泛性。

（三）区域性

环境状况受到地理位置、气候条件、人口密度、资源蕴藏、经济发展、生产布局以及环境容量等多方面的制约，所以环境管理具有明显的区域性。这些特点要求环境管理采取多种形式和多种控制措施。

三、环境管理的基本内容

环境管理与环境立法、环境经济紧密相联，相互交叉在一起。它不只涉及社会经济方面，也涉及到科学技术问题。其基本内容，从管理的范围来分，可概括为下列几方面：

（1）区域环境管理，指的是某一地区的环境管理，如城市环境管理，海域环境管理，河口地区环境管理，水系环境管理等。

（2）部门环境管理，包括工业环境管理（如化工、轻工等业务部门的环境管理及工业企业的环境管理）；农业环境管理；林业环境管理；交通运输环境管理；以及商业、医疗等部门的环境管理。

（3）资源（环境）管理，包括资源的保护和资源的最佳利用。如土地利用规划、水资源管理、大气资源管理、生物资源管理，以及能源环境管理等。

从性质方面来分，环境管理可以分为下列几方面：

（1）环境质量管理，包括环境标准的制定，环境质量及污染源的监控，环境质量变化过程、现状和发展趋势的分析评价，以及编写环境质量报告书等。

（2）环境技术管理，包括两方面的内容：一是制定恰当的技术标准、技术规范和技术政策，二是限制在生产过程中采用损害环境质量的生产工艺；限制某些产品的使用；限制资源的不合理开发使用。通过这些措施，使生产单位采用对环境危害最小的技术，促进无污染工艺的发展。

（3）环境计划管理，主要是把环境目标纳入发展计划，以制定各种环境规划和实施计划。包括整个国家的环境规划、区域或水系的环境规划、能源基地的环境规划、城市环境规划等。

这两种划分，其内容是互相交叉的，如城市环境管理是区域环境管理的组成部分，但城市环境管理中又包括环境质量管理、技术管理及计划管理。

四、环境管理的基本方法

（一）环境管理的一般程序

环境管理可按照下列五个步骤来进行，即：明确问题，鉴别与分析可能采取的对策，制定规划、实施规划、评价反应和调查对象，见图9-1。

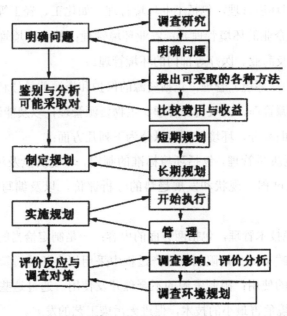

图 9-1 环境管理的一般程序

（二）环境管理的预测方法

在环境管理过程中，经常需要对人类活动将可能引起的环境质量变化趋势进行检测。环境预测是在调查研究和科学实验的基础上进行的，借助于数学、计算理论和信息处理技术等工具，对未来某一时间环境质量的变化趋势，进行定性和定量分析。

（三）环境管理的决策方法

环境决策是制定正确的环境政策和编制科学的环境规划所必不可少的。所谓决策就是根据综合分析，在多种方案中选取最佳方案。环境管理中经常用到的是环境规划决策。例如，为了达到某一环境目标有几种可供选择的污染控制方案，究竟哪一种方案经济效益好；或是在制定环境规划时统筹考虑环境效益、经济效益和社会效益在决策中常用的数学方法有线性规划、动态规划与目标规划等，此外还有环境政策的决策方法以及环境管理的决策方法等。此外还有环境政策的决策方法以及环境管理的决策方法等。

（四）环境管理的系统分析方法

环境管理的系统分析方法主要包括描述问题和收集整理数据，建立模型以及优化三个步骤。在系统分析过程中所建立的模型主要包括功能模型和评价模型二大类。功能模型可以定量表达系统的性能，如水质数学模型、污水处理工程系统模型、区域环境规划系统模型等。

环境管理的系统分析方法是运用系统的观点去分析问题，故对于解决涉及面广、综合复杂的环境问题非常有效。因此，应用系统分析方法管理环境是环境管理向科学化和现代化迈进的一个重要标志。

五、环境管理的主要手段

（1）行政干预是环境保护部门经常大量采用的手段。主要是研究制订环境政策、组织制定和检查环境计划；运用行政权力，将某些地域划为自然保护区、重点治理区、环境保护特区；对某些环境危害严重的工业—交通企业要求限期治理，以至勒令停产、转产或搬迁；采取行政制约手段，如审批环境影响报告书，发放与环境保护有关的各种许可证；对重点城市、地区、水域的防治工作给予必要的资金或技术帮助。

（2）法律手段是环境管理强制性的措施。按照环境法规、环境标准来处理环境污染和破坏问题，对违反环境法规、污染和破坏环境、危害人民健康、财产的单位或个人给予批评、警告、罚款，或责令赔偿损失；协助和配合司法机关对违反环境保护法律的犯罪行为进行斗争，协助仲裁等。

（3）经济手段是环境管理中一种重要措施。对积极防治环境污染而在经济上有困难的企业、事业单位给予资金援助；对排放污染物超过国家规定标准的单位，按照污染物的种类、数量和浓度征收排污费；对违反规定造成严重污染的单位或个人处以罚款；对排放污染物损害人群健康或造成财产损失的排污单位责令对受害者赔偿损失；对利用废弃物质生产的产品给予减、免税收或其他物质上的优待；对利用废弃物作生产原料的企业不收原料费。此外还有推行开发、利用自然资源的征税制度等。

（4）环境教育是环境管理不可缺少的手段。主要是利用书报、期刊、电影、广播、电视、展览会、报告会、专题讲座等多种形式，向公众传播环境科学知识，宣传环境保护的意义以及国家有关环境保护和防治污染的方针、政策、法令等等。在高等院校、科学研究单位培养环境管理人才和环境科学专门人才；在中、小学进行环境科学知识教育；对各级环境管理部门的在职干部进行轮训。

（5）技术手段种类很多，如推广和采用无污染工艺和少污染工艺；田地制宜地采取综合治理和区域治理技术；登记、评价、控制有毒化学品的生产、进口和使用；交流国内外有关环境保护的科学技术情报；组织推广卓有成效的管理经验和环境科学技术成果；开展国际间的环境科学技术合作等。

六、中国的环境管理

（一）环境保护是中国的一项基本国策

在 1983 年 12 月召开的全国第二次环境保护会议上，把环境保护确定为中国的一项基本国策，这说明了中国政府对环境保护事业的高度重视。这项基本国策是指导中国环境保护工作的重大方针政策，推动了中国环保事业的发展，使环保工作进入了一个新的历史发展阶段。

（二）中国环境保护的基本方针

1.环境保护"32 字"方针

1973 年第一次全国环境保护会议上正式确立了中国环境保护工作的基本方针："全面规划、合理布局、综合利用、化害为利、依靠群众、大家动手、保护环境、造福人民"的方针。

2."三同步、三统一"的方针

1983 年第二次全国环境保护会议上提出：经济建设、城乡建设和环境建设要同步规划、同步实施、同步发展，实现经济效益、社会效益和环境效益的统一。

3.环境与发展十大对策

结合中国进一步改革开放的形势，为了适应经济制度转轨过程中强化环境管理的需要，国家批准出台中国环境与发展十大对策：

（1）实行持续发展战略。

（2）采取有效措施，防治工业污染。

（3）开展城市环境综合治理，治理城市"四害"（即废气、废水、废渣和噪声）。

（4）提高能源利用率，改善能源结构。

（5）推广生态农业，坚持不懈的植树造林，切实加强生物多样性的保护。

（6）大力推广科技进步，加强环境科学研究，积极发展环保产业。

（7）运用经济手段保护环境。

（8）加强环境教育，不断提高全民族的环境意识。

（9）健全环境法规，强化环境管理。

（10）参照联合国环境与发展大会精神，制定中国行动计划。

（三）中国环境保护的基本政策

20 世纪 80 年代中国制定了环境保护的三大政策。

1."预防为主，防治结合"政策

坚持"预防为主，防治结合"政策。要把保护环境与转变经济增长方式紧密结合起来，积极发挥环境保护对经济建设的调控职能，所有建设项目都要有环境保护规划和要求，对环境污染和生态破坏实行全过程控制，促进资源优化配置，提高经济增长质量和效益。主要措施包括：一是把环境保护纳入国家发展、地方的和各行各业的中长期和年度经济社会发展计划；二是对已开发建设项目实行环境影响评价和"三同时"制度；三是对城市实行综合整治。

2."谁污染谁治理"政策

按照《环境保护法》等有关法令规定，环境保护投资以及地方政府和企业为主。企业负责解决自己造成的环境污染和生态破坏问题，不容许转嫁给国家和社会；地方政府负责组织城市环境基础设施的建设，实施建设和运行费用由污染物排放者和负担；对跨地区的环境问题，有关地方政府要督促各自辖区内的污染物排放者的承担责任，不得推诿。其具体措施为：一是结合技术改造防治工业污染。中国明确规定，在技术改造中要把控制污染作为一项重要目标，并规定防治污染的费用不得低于总费用的 7%；二是对历史上遗留下来的一批工矿企业的污染，实行限期治理。限期治理费用由企业和地方政府筹措，国家也给少量资助；三是对排放污染物的单位实行收费。

3.“强化环境管理”政策

要把法律手段、经济手段和行政手段有机的结合起来，提高管理水平和效能。在建立社会主义市场经济过程，更要注重法律手段。依法管理环境，加大执法力度，坚决扭转以损害环境为代价，片面追求局部利益和暂时利益的倾向，纠正“有钱铺摊子，没钱治污染”的行为，严肃查处违法案件。其主要措施为：一是建立健全环境保护法规体系，加强执法力度；二是制定有利于环境保护的经营、财税政策，增强对环境保护的宏观调控力度；三是从中央到省、市、县、镇（乡）五级政府建立环境管理机构，加强督促管理；四是广泛开展环境保护宣传教育，不断提高全民族的环境意识。

（四）中国现行的环境管理制度

1973 年第一次全国环境保护会议以来，中国在环境保护的实践中，经过不断探索和总结，逐步形成了一系列符合中国国情的环境管理制度。这些制度主要有八项：环境影响评价制度、“三同时”制度、排污收费制度、环境保护目标责任制、城市环境综合整治定量考核制度、排放许可证制度、污染集中控制制度、污染源限期治理制度。

1.环境影响评价制度

环境影响评价制度是指对可能影响环境的重大工程建设、区域开发建设及区域经济发展规划或者其他一切可能影响环境的活动，在事前进行调查研究的基础上，对活动可能引起的环境影响进行预测和评定，为防止和减少这种影响制定最佳行动方案。

2.“三同时”制度

“三同时”制度是指新建、改建、扩建项目和技术改造项目以及区域性开发建设项目的污染治理设施必须与主体工程同时设计、同时施工、同时投产的制度。他与环境影响评价制度相辅相成，是防止吸入污染和破坏的二大"法宝"，是防治中国环境质量继续恶化的有效的经济手段和法律手段。

3.排污收费制度

排污收费制度是指一切向环境排放污染物的单位和个体生产经营者，应当依照国家的规定和标准，缴纳一定费用的制度。中国实行排污收费制度的根本目的不是为了收费，而是防治污染、改善环境质量的一个经济手段和经济措施。排污收费制度只是利用价值规律，通过征收排污费，给排污单位以外在的经济压力，促进污染治理，接收和综合利用资源，减少或消除污染物的排放，实现保护和改善环境的目的。中国从一开始推行排污收费制度就明确规定，排污费的 20％可以适当补助用来发展环境保护事业。

4.环境保护目标责任制

第三次全国环境保护会议规定：地方行政领导者对主管地区的环境质量负责，并作为行政考核内容之一。

5.城市环境综合整治定量考核制度

1985 年，国务院召开了"全国城市环境保护工作会议"，会议原则通过了《关于加强城市环境综合整治的决定》。城市环境综合整治是在市政府的统一领导下，以发挥城市综合功能和整体最佳效益为前提，采用系统分析的方法，从总体上找出制约和影响城市生态系统发展的综合因素，理顺经济建设、城市建设和环境建设的相互依存又相互制约的辩证关系，用综合的对策整治、调控、保护和塑造城市环境，为全市人民群众创造一个适宜的生态环境，使城市生态系统良性循环。1988 年国家发布了《关于城市综合整治定量考核的决定》。该制度的考核内容包括 5 个方面、21 项指标。五个方面包括：大气环境保护；水环境保护；噪声控制；固体废物处置和绿化。21 项指标包括：大气总悬浮微粒年日平均值；二氧化硫年日平均值；应用水源水质达标率、地面水 COD 平均值；区域环境噪声平均值；城市交通干线噪声平均值；城市小区环境噪声达标率；烟尘控制区覆盖率；工业尾气达标率；汽车尾气达标率；万元产值工业废水排放量；工业废水处理率；工业废水处理达标率；

工业固体废物综合利用率、工业固体废物处理处置率；城市气化率；城市热化率；民用型煤普及率；城市污水处理率；生活垃圾清运率和城市人均绿地面积。

6.排污许可证制度

凡是排放污染物的单位，必须按照规定向环境保护管理部门申报登记所拥有的污染物排放设施、污染物处理设施和正常作业条件下排放污染物的种类、数量和浓度。

排污许可证制度以改善环境质量为目标，以污染物总量控制为基础，规定排污单位许可排放什么污染物、许可污染物排放量、许可污染物排放去向等，是一项具有法律含义的行政管理制度。

7.污染集中控制制度

为了改善环境，工矿企业排放的污染物必先行治理才能排放，以减少对环境的污染。一个时期，我们过分强调了这种单个污染源的治理，追求处理率和达标率。这样做的结果，花费不少资金，费了不少劲，搞了不少污染治理设施，但改善区域环境的效果并不十分明显，总体效益不佳。在环境保护实践中，我们认识到污染治理必须以改善环境质量为目的，以提高经济效益为原则。也就是说，治理污染的根本目的不是去追求单个污染源的处理和达标率，而应当是谋求整体环境质量的改善。基于这种思想，与单个点源分散治理相对，污染物集中控制的环境管理从实践中慢慢总结发展起来。污染集中控制是在一个特定的范围内，为保护环境所建立的集中治理设施和采用的管理措施。

8.污染限期治理制度

污染限期治理就是在污染源调查、评价的基础上，以环境保护规划为依据，突出重点，分期分批地对污染危害严重、群众反映强烈污染物、污染源、污染区域采取限定治理时间、治理内容以及治理效果的强制性措施，是人民政府保护人民的利益对排污单位和个人采取的法律手段。

《中华人民共和国环境保护法》第 29 条规定："对造成环境严重污染的企事业单位治理。……对限期治理企事业单位必须如期完成治理任务。"

9.污染物排放总量控制制度

污染物排放总量控制制度是指在一定时间、一定空间条件下，对污染物排放总量的限制，其总量控制目标可以按环境容量确定，也可以将某一时段排放量作为控制基数，确定控制值。

污染物排放总量控制制度可使环境质量目标转变为流失总量控制指标，落实到企业的各项管理之中，它是环保监督部门发放排放许可证的根据，也是企业环境管理的基本依据之一。确定总量指标要考虑各地区的自然特征，弄清楚污染物在环境中的扩散、迁移和转移规律与对污染物的净化规律，计算出环境容量，并综合分析该区域内的污染源，通过建立一定的数学模型，计算出每个污染源的污染分担率和相应的污染物允许排放总量，求得最优方案，使每个污染源只能排放小于总量控制指标的排放总量。

随着环境管理工作的发展和不断深入，人们愈来愈认识到，对污染源仅仅实行排放浓度控制，根本无法达到控制污染、确保环境质量不断改善的目标，必须实行污染物排放总量控制，才能有效控制和消除污染。

七、环境管理的重要性

环境管理工作的预测，就是要在通晓环境过程的基础上，预测人类社会活动可能造成的环境影响，特别要注意远期的不良影响。根据对以往发展情况的调查研究，确定相应的模型，进行发展预测，假定不同的增长趋势，进行各种方案预测的比较分析，并提出增长极限与平衡发展的理论，作为决策的依据。罗马俱乐部的学术界人士提出分析预测五个方面的因素，即人口、粮食、资源（包括能源）、工业发展、环境污染等。现在通常把资源、发展、人口、环境作为四个紧密相联的重要问题，作为一个系统进行分析预测。人口是问题的中心，人类的生产和环境是矛盾的两个方面，而矛盾的主要方面是人类的生产和消费活动。要通过分析预测，找出人口增长与发展的限度，以保证环境资源的质量不会下降，生态系统不会遭到破坏。也就是保证总的环境决策不会失误。

现今，有些预测形式已逐渐被确定下来，有的并列入了环境保护法，如发展计划环境影响评价、大型开发工程环境影响评价、改建扩建工程环境影响评价、生产工艺和产品环境影响说明书等。预测为决策服务，要彻底摆脱环境保护工作中的被动局面，必须要有正确的环境决策。可根据环境影响评价（预测），通过进行分析、比较，最后作出决策。如果没有科学的预测，造成决策失误，环境状况严重恶化了再去补救，那将要花费大得多的代价，50年代以来的环境保护工作实践已证实了这一点。

第二节　环境保护法规

一、环境法的产生和发展

环境法的产生和发展，同环境问题发展的历史是一致的。人类社会早期，产生环境问题的根本原因主要是农、牧和手工业的生产活动。所以，古代一些文明国家最早出现的环境保护的法规，主要是为了防止农业生产活动对森林、水源及动植物等自然资源和环境引起的破坏，以及城市消费活动对环境的污染。在中国，早在殷商时期，就有禁止在街道上倾倒垃圾灰土的法律规定。《韩非子·内储说上》载："殷之法，刑弃灰于街者"。战国时，商鞅在秦国实行法治，也规定了"步过六尺者有罚，弃灰于道者被刑"的法律。（董说《七国考·秦刑法》，转引《盐铁论注》）。在秦代，有了更具体的保护自然环境的法律规定。据 1956 年 12 月湖北云梦县睡虎地出土秦墓竹简记载，秦律田律规定：禁止在春天砍伐林木和堵塞河道；不到夏季不准烧草为肥；不准采集刚发芽的植物；不准捕捉幼兽、鸟卵和幼鸟及毒杀鱼鳖……。在中国较完备的封建法典"唐律"杂律中规定："诸不修堤防，及修而失时者，主司杖七十。毁害人家，漂失财物者，坐赃论，减五等……。"诸失火，及非时烧田野者，笞五十……"。"诸侵巷、街、阡陌者杖七十，若种植、垦食者笞五十，各令复故。虽种植，无所妨废者、不坐。其穿垣出秽者，杖六十；出水者，勿论。主司不禁与同罪"。

在古代罗马法中，也可以找到有关环境保护的法律规定。

18 世纪产业革命后，出现了空前规模的工业污染。这种污染是与资本主义大机器生产同时发生的。蒸气机在工业中的广泛采用，消耗大量煤和水，从而造成对空气和水的污染。由煤烟、二氧化硫造成的大气污染和矿冶制碱等工业造成的水质与土壤污染，是产业革命后第一代污染。在局部地区出现了较严重的环境问题，有的已造成公害事件，如 1873 年、1880 年和 1891 年，英国伦敦三次发生因燃煤造成的毒雾事件，死亡上千人。1873 年日本爱知县别子铜山冶炼所，因排放大量二氧化硫造成对附近农业的严重损害而引起数次农民骚动事件；从 1882 年起，有几十年之久的日本足尾铜矿因冶炼硫化铜矿，堆弃大量含毒废矿石，排放废气、废水，致使附近广大农田受害，田园荒芜，几十万人流离失所。这些公害事件的发生，迫使有关当局不得不加以重视。在一些工业发展较快的国家，开始制定防治大气污染和水质污染的专门法律。英国在 1863 年首先制定了《制碱法》，1876 年制定了《河流防污法》。美国在 1864 年制定了《煤烟法》。日本在 1896 年制定了《矿业法》和《河川法》。

从 20 世纪初至 50 年代，随着工业进一步发展，化工、石油、电力、汽车、飞机等新的工业部门相继出现，内燃机代替了蒸汽机，石油和天然气的生产和消费量大幅度上升。出现了一些新的污染源，环境污染开始从点源向区域扩展，随之而来的是更多的社会性公害。一些公害严重的国家，不得不进一步采取措施，加强环境立法。有的国家在制定和完善大气、水质保护法的同时，开始制定一些新的环保单行法规，如噪音、固体废物、放射性物质、农药等的防治与限制法律。英国在 1907 年制定了《公共卫生（食品）法》，1946 年制定了水法，1947 年制定了《城乡规划法》；法国制定了水质保护的《1937 年 5 月 4 日法令》，关于放射性物质的《1937 年 11 月 9 日法令》；意大利 1941 年制定了《垃圾处理法》；日本在 1947 年制定了《食品卫生法》，1948 年制定了《农药取缔法》，1954 年日本东京都制定了《防治噪声条例》；前苏联在 1949 年颁布了《防治大气污染和污染地区卫生的决定》，等等。

20 世纪 60 年代以后，世界各工业国的现代化大工业迅猛发展，城市人口高度集中，农业向大型机械化和化学化方向发展，各种新的合成产品不断出现。这样，一方面资源的需求量大大增长，另一方面生产与生活的废弃物也大大增加。这就使环境的污染与破坏空前严重，甚至造成全球性自然生态的破坏。环境与发展的矛盾成了摆在各国、特别是工业发达国家面前的十分突出的矛盾。这种情况不仅阻碍社会生产和经济的发展，而且对人类生活和健康造成严重的威胁。在"环境危机"的猛烈冲击下，很多国家开始进一步对环境保护采取法律措施，先后颁布了大量的环境保护法规。据统计，截止 1977 年，西德和美国已颁布的环境法规有 100 多种，日本 70 多种，瑞典、苏联、英国等也都有相当完备的环境保护立法。目前，在美、日、西德、英、法、瑞典等国，环境法正处在一个深入发展时期。有的国家正试图制定统一的综合性的"环境法典"，如日本的《环境六法》、英国的《1974年污染控制法》、西德的《防止扩散法》、瑞典的《环境保护法》等都是向这个方向迈出的一步。与此同时，很多专门领域的环境法规也正在研究和制定。环境法逐渐形成了完整的体系。

从各国已颁布的环境法内容来看，环境法的体系包括以下四类立法：

（一）环境保护的基本法

这是一种综合性的实体法，一般是对环境保护的目的范围、方针政策、基本原则、重要措施、组织机构等作出原则的规定。这种立法常常成为一个国家的其他单行环境法规的依据，因此，它是一个国家在环境保护方面的基本法。《中华人民共和国环境保护法》、日本的《公害对策基本法》、美国的《国家环境政策法》、罗马尼亚、瑞典的《环境保护法》等都属于这一类。

（二）防治污染和其他公害的立法

这种立法包括土地利用与规划、大气污染防治、水质保护、噪音与震动控制、废物处置、农药及其他有毒物品控制管理、防止恶臭、放射性与热污染控制、防止地面沉降等法规。

（三）自然环境和自然资源保护法

属于这一类的有自然保护法、森林法、草原法、土壤保护法、野生动植物保护法、矿藏法、名胜游览区保护法等。

（四）其他立法

如各种环境标准与排放标准、环境管理机构、奖励惩罚、纠纷处理程序等。

环境法涉及的内容十分广泛，除了这些专门的环保法规以外，在宪法、民法、行政法、经济法、刑法等传统法律中，也包含一部分环境保护的法律规范。

从环境法发展史的简要考察中，可以清楚地看出，18 世纪后环境法的发展同资本主义大生产的发展和这种生产对环境的污染与破坏日益严重的趋势是一致的。开始是采取"头痛医头，脚疼医脚"的办法，制定单一的污染防治法律，继而在认识到生产发展与环境的复杂联系和各种环境要素之间的内在制约关系基础上，采取预防为主的综合防治措施，制定综合性的环境保护法律。20 世纪 60 年代后在工业发达国家，则形成了具有完整体系的独立法律部门。随着整个环境科学的发展，环境法学也正在形成自己的学科体系、理论和学说。

二、环境法的适用范围、目的和作用

（一）环境法的适用范围

环境法的适用范围，同环境保护的范围含义相同。作为自然科学的"环境"的含义，一般是指人类的生存环境，包括自然环境和社会环境两部分。自然环境，是指大气团、水田（河流、湖泊、海洋、地下水）岩石土壤圈（地球表面的地质构造、地貌特征、岩石、矿物和土壤覆盖层）、生物圈（动物、植物、微生物）；社会环境或称人造环境，是指经过人类创造或加工过的物质设施和社会结构，如工业、交通、房屋、城市等。有些环境学者认为：立法上应该避免把环境保护的范围仅仅局限于人的生活环境，因为人与环境的关系是同动物、植物及环境要素联系在一起的一种复杂的物质与能量交换和生态制约关系。为了有效地保护环境，除考虑人的生活环境外，还要考虑动物、植物的生存环境，考虑人与环境互相影响、互相制约的各个方面和各种因素。很多国家确定法律上环境保护范围时，是考虑到这种意见的。不过，环境的法律定义既以自然科学的定义为基础，又不完全相同。环境的法律定义，是把环境作为法律的保护对象看待的，必须把环境要素作为保护客体，具体、明确地分列出来。如《中华人民共和国环境保护法》（试行）第三条规定："本法所称环境是指：大气、水、土地、矿藏、森林、草原、野生动物、野生植物、水生植物、水生生物、名胜古迹、风景游览区、温泉、疗养区、自然保护区、生活居住区等"。这样的分列规定，包括了生活环境，也包括了自然环境和自然资源的主要因素。美国的《国家环境政策法》把环境分为自然环境和人为环境（或改造过的环境）两部分。其中包括空气、水、土地、森林、山脉、城市、郊区和农村环境等。其他国家也大都从"大环境"的概念出发，规定了环境保护的范围。

研究环境保护的范围，要联系考察影响环境的各种因素。这里所指的不是自然因素（如气候变化、自然灾害等），而是指人类活动对环境的影响，因为法律调整的是人的活动。实际上，人类的每一项较大活动都对环境发生影响。自然环境具有一定的自净和再生能力，但这种能力不是无限的，人类活动的影响，如果超过了这种能力的极限，就会造成环境"污染"与破坏。造成或加重环境污染的因素是多种多样的。工业与生活排放的含有害物质的气、液、渣对空气、水、土壤等自然环境的污染，是突出的环境问题。工业布局不合理、污染源高度集中、生产工艺落后及管理不善等，会加重这种污染。对资源的滥用，如掠夺性开采、森林滥伐、盲目开垦、草原放牧过度、水产捕捞过度等，会导致资源的枯竭或生态平衡的破坏。高度的城市化、人口的过度增长，也会使社会生活失调、人们生活环境质量下降，引起一系列环境问题。不合理的社会制度会加重环境的污染与破坏。这种社会制度的因素，往往通过与自然因素交互作用对环境产生影响，而影响的大小常同该国采取何种环境政策有关。

工业污染是最主要的，也是最难处理的环境问题。所以各国的环境立法都把防止工业污染作为主要内容。但是，工业污染不是环境问题的全部。把环境保护仅仅理解为污染防治是片面的。应该全面考虑影响环境的各种因素，制定综合防治的全面有效的环境保护法律。

从日本的环境立法，可以看到这种认识上和政策上的变化趋势。60 年代日本把环境污染与破坏统称为公害。日本《公害对策基本法》关于公害的定义有下面三点含义：

（1）所谓公害是指自然灾害以外的人为活动（工业和其他人类活动）造成的侵害。

（2）这种侵害危害人体健康、生活环境、农、林、渔业的生产，并具有范围广泛的特点。

（3）七种主要公害是：大气污染、水质污染、土壤污染、噪音、震动、地面沉降和恶臭。

从上述定义可以看出，环境污染是公害的主要内容。近年来，日本法学界有人主张把"防治公害"概念扩大为"环境保护"概念，把"公害法"扩大为"环境法"。日本是受污染危害最严重的国家之一，在50至60年代期间，他们在连续发生各种惨痛公害病的背景下，形成了"公害"这一概念，当时社会关切的焦点集中在保护人的健康方面。60年代以后，日本环境政策和立法的重点集中在公害防治上，至70年代，已取得显著成效。近年来，因为严重的社会性公害已基本获得解决，社会注意力开始转向更加广泛的环境问题上。有人主张，环境污染不过是反映环境质量的一个方面，而环境质量还包括像舒适、安静、美好及其他反映生活质量的一些相关因素。为了全面提高环境质量，国家应采取更加广泛的环境政策——不仅是污染防治，还要致力于保护自然环境、自然资源与文化遗产，提高环境的舒适性，增进社会福利。被誉为日本环境立法史上里程碑的日本六十四届国会（1970年）制定和修订了十四项重要环境法规，把环境保护的视野，开始从污染防治，保护生活环境，扩大到综合治理，保护自然环境和自然资源，防止生态系统的破坏。为此，修订了《自然公园法》，制定了《防止农业用地土壤污染法》，1971年又制定了《自然环境保护法》。这些情况反映了日本环境政策与立法的一个重要发展趋势——从污染防治，走向全面的环境管理。

（二）环境法的目的

每一种法律的制定和实施都是为了达到一定的目的。立法的目的性，决定法律调整的方向，以及采用何种政策措施和制度。研究法律的目的性，有助于正确理解和执行法律。

中国环境保护法的目的和任务是：保证在社会主义建设中，合理地利用自然环境，防治环境污染和生态破坏，为人民造成清洁适宜的生活环境和劳动环境，保护人民健康，促进经济发展。这个规定包括了三个内容：（1）合理地利用环境与资源，防止环境污染和破坏；（2）保护人民健康；（3）协调环境与经济的关系，促进经济的稳定增长。

前已认为：（1）是达到（2）、（3）的手段，（2）、（3）是立法的最终目的。保护人民的健康和生活质量，是我们立法的出发点和归宿。

有的国家，如美、前苏联等国的环境法，关于立法目的性的规定与中国的相类似。但日本环境法关于立法目的性的规定则与此不同。日本 1967 年的《公害对策基本法》在目的性条款中也曾规定，要使环境保护与经济发展相协调，但在 1970 年六十四届国会修改基本法时，确定了"环境优先"的原则，即保护国民健康及维护其生活环境是法律的主要目的。这样修改是有其原因和背景的。因为，"经济与环境相协调原则"在实际执行上变成了"经济优先"的原则。由于日本经受了最严重的公害灾难，因而社会舆论强烈要求把保护健康与生活环境视为最高原则。

实际上，发展与环境并不是相互抵触的，他们之间是一种辩证统一的关系。二者相互制约，相互促进。发展经济不可避免地带来环境问题，维护和改善环境，需付出一定代价，这是问题的一方面；另一方面，从某种意义上讲，保护环境就是保护资源，保护生产力，因为保护环境能促使能源、资源的节约，促进技术革新和综合利用，促进再处理技术的发展。加之环境质量的改善，不仅有助于经济增长，而且可以从中获得显著的经济利益；而经济发展又为保护与改善环境提供物质、技术基础。在中国经济发展还比较落后的情况下，把发展与环境对立起来的观点容易流行，也更为有害。这种观点导致行动上以牺牲环境为代价，片面谋求经济发展。其结果将是重蹈资本主义国家公害泛滥的覆辙，不但不能稳定、健康地发展经济，还要付出巨大的社会代价，甚至使民族的生存与繁衍受到威胁。问题的关键在于，每一个国家都应找到一种适当规模和速度的合乎环境要求的发展方式，把发展经济与保护环境按照客观比例协调起来，作到既能使经济稳步健康地增长，又能保护和改善环境。社会主义生产与环境保护在目的上的一致性，使我们区别和优越于资本主义，这就更加要求我们把二者协调好。

（三）环境法的作用

环境保护工作本身的特点，要求抓好相互关联的几个环节——规划、管理、经济、技术与立法。这里着重讨论一下法律在环境保护中的作用。

　　法律，是国家制定的并以其强制力保证执行的行为规范的总和。是国家对各种社会活动（政治的、经济的、文化的等等）实行领导和调整的一种形式。社会主义法制是国家实现经济职能的必不可少的工具。

　　在环境保护领域里，加强环保法制，意味着把环境管理工作建立在制度化、规范化、科学化的基础上，意味着使国家的环境管理具有权威性。这是十分必要的。法律在环境保护中的具体作用有以下几方面：

　　（1）环境管理机构的体制和权限必须由立法加以规定。环境管理的广泛性和综合性，首先要求建立有效的指挥协调系统，即环境管理机构。这种机构的体制、分工、职责、权限，以及行使职权的程序，必须由立法加以规定。只有使管理机构具有明确的法律地位，法定权力，才能建立起有权威的、强有力的环境管理工作。

　　（2）各种有效的环境政策和措施应以法律形式固定下来。环境保护工作，实质上是同国家的经济计划、生产布局、企业管理等有不可分割地联系的复杂的协调工作。这种协调工作本身，要求既要遵循客观经济规律与自然规律，协调它们之间的客观比例关系，又要求建立和健全一系列具有法律约束力的规章制度（如土地）规划、生产布局、环境影响评价、综合防治、污染源管理、新工艺的采用等等。建立完备的环境法制，其作用就在于使环境管理建立在遵循客观规律的基础上，使各种有效的环境政策和措施制度化，并以法律的形式固定下来，以国家强制力保证其贯彻执行。

　　（3）确定各种法律关系中的权利、义务及违法责任。这些都是法律的主要属性。以法律的形式明确各级主管部门环境保护的职责、企业内部法定管理者的责任、公民的权利义务、明确违反法律应负的各种责任，是加强环境管理不可缺少的重要措施，是其他形式不可代替的。

　　总之，环境立法的加强、法律手段在环境管理中的广泛应用，对环境保护中各种社会关系实行恰当的法律调整，是加强环境管理的必要条件。

　　当然，强调法律在环境管理中的重要性，不等于说法律高于一切和可以替代一切。环境问题涉及生产、生活各个领域，牵动许多方面，环境立法，要受当前经济发展水平、科学技术水平、行政管理水平和人民文化水平的制约。解决环境问题，除了完备的环境立法之外，还需要有经济的、技术的、行政的、教育的等措施和手段的相互配合。立法本身也还需要执法的配合。

三、环境法中的几项基本制度

每一个国家的环境法，都是以本国的政治、经济、文化和社会实践为基础，并更多涉及经济活动、生产管理和科学技术方面的问题。这些问题虽然在不同国家有不同的表现，但在某些反映自然规律和经济规律的共性问题上，则各国的规定大体相同。因而逐渐形成环境法中共同采用的各项制度。

（一）土地利用规划

工业化国家往往从环境污染治理付出高昂代价的教训中认识到，通过土地利用规划，实现合理布局，贯彻预防为主方针，是改变被动治理的好方法。通过对土地利用的全面规划，控制土地使用权，就可以根据一定地区的自然条件、资源状况和经济发展的需要，对城镇建立、工业布局、交通设施等进行总体规划，找出一种对环境影响最小的土地利用方案。

很多国家通过"规划法"来实现土地规划与控制。"规划法"的一般要求是：

（1）制定全国和地区的土地利用与发展规划，各种影响环境的工业和设施的建设，必须服从这些规划。

（2）根据自然条件、人口密度、经济状况或其他特殊要求，划分不同地区，分别实行控制。

日本根据《公害对策基本法》11条规定和1974年"国土利用规划法"，把全国分为若干区，对经济密度大的地区实行特殊管制，对"开发地区"通过经济刺激办法鼓励投资。在法国和意大利，把巴黎和威尼斯规定为特殊保护区，实行严格的专门法令，禁止建立一切污染工业。丹麦1974年"土地与区域规划法"要求各种发展规划注意把噪声源、工业污染源与居民区分开，规定在机场、工厂、道路附近不准建造住宅。西德"联邦污染控制法"49条规定，为了实行对特定地区的保护，各州政府有权以法令形式规定，禁止经营或设立某些活动和设施，或者对其规定经营时间，采用更严格的技术或限制某些燃料的使用。

控制的方法一般有两种：一种是通过环境影响评价，使各种工程设施采用对环境影响最小的设计方案，建设在对环境影响最小的地方；第二种是通过颁发许可证控制土地的使用权。

中国曾长期没有统一的土地利用规划及地区和城市规划，一度在经济建设中比较忽视生活和消费，忽视对环境的影响。针对这种情况，曾制定过一系列政策和规定。在中国《环保法》中，"预防为主，全面规划，合理布局"已作为重要原则加以规定。当前环境保护部门和经济研究部门正在组织开展环境经济学和国土经济学的研究。有条件的地区要加强对本地区国土资源的综合考察，逐步为制定中国国土整治、开发、利用的规划和加强管理工作创造条件。

（二）环境影响评价

环境管理中贯彻"防重于治"的另一个重要手段是环境影响评价。美国在 1969 年的《国家环境政策法》中，把环境影响评价作为联邦政府在环境管理中必须遵守的一项制度后、到 1976 年有 25 个州相继建立了各种形式的环境影响评价制度。1977 年纽约州还制定了专门的"环境质量评价法"。继美国之后，瑞典、澳大利亚分别在 1969 年的"环境保护法"和 1974 年的"联邦环境保护法"中规定了环境影响评价制度。法国 1976 年通过的"自然保护法"第二条规定了环境影响评价制度，又在 1977 年公布的 1141 号政令中对评价的范围、内容、手续作了具体现定，并补订了该法强制执行的措施。新西兰和加拿大是以议会通过决议的形式实行环境影响评价制度的。它在执行上比立法规定的强制执行程序更具有灵活性。日本从 70 年代中开始实行"工业公害综合预调查"。1973 年制定"工厂布局法"时把这种预调查规定为一项制度，但只是作为主管当局进行规划、布局时的参考，不是每一项建设工程的必经程序。1972 年日本在"有关各种公共事业的环境保护措施"的内阁会议纪要中规定：要对主要公共事业的开发进行环境影响的综合评价，但这种评价属于一种行政性措施，不予公布和征求公众意见。

在当时实行计划管理的国家如东德，要求环境影响评价制度与国民经济计划相结合。东德 1972 年"投资分配法"规定：各种投资计划必须包括环境影响报告，报告的内容要有：工程的环境影响；计划中消除或降低有关环境污染的措施；与废品相联系的潜在污染，以及消除和综合利用废品的措施。

环境影响评价制度的实施，无疑可以禁止一些对环境有重大不良影响的建设项目的进行，也可以通过对可行性方案的比较、筛选，把某些建设项目的环境影响减到最小程度。但是，各国在执行中也遇到一些问题。一是限制过严会影响经济发展和资源开发，从而影响社会需求。其次是许多技术尚待研究解决。环境影响评价是一项综合性的复杂的技术工作，需要多学科配合和采用多种新技术，对于它的可靠性问题，综合性预测的标准与方法如何确定的问题，某些难以计量的环境因素，如生态影响的确切表达问题，都还需要进一步研究解决。最后，评价工作本身，特别是某些大型项目的评价，工作量大、技术性强、耗费时间长（有的需要 5 年、10 年）、成本高（一般要占该项目总投资的 0.5%～5%）。加上手续繁杂，群众评价意见又常常极不一致，因此，有些评价延误工程的进行。

中国 1979 年的环境保护法中，规定了建立环境影响报告书制度。针对中国在规划和布局方面存在的问题，建立这样一项重要的环境管理制度，是十分必要的。现在的问题是如何把环保法规定的原则进一步具体化、制度化，并创造条件认真地加以执行。这首先需要在立法上对环境影响评价的范围、内容、程序、法律责任等作出具体规定。同时要解决过去基建程序中存在的一个问题——先定点、再设计、再作环境影响评价，因为按照这种程序，要纠正布局中的问题就十分困难。为了创造执行这一制度的条件，还要积极组织有关单位建立承担评价工作的专门机构，并要加强科学研究和培养人才的工作。

（三）许可证制度

许可证制度也是国外比较普遍采用的控制污染的法律制度。它被说成是污染控制法的"支柱"，广泛用于各种对环境有影响的建设项目、排污设施和经营活动。水体排污许可证使用得尤其普遍。

采用这种制度的好处是：（1）可以把污染源设置和各种排污活动纳入国家统一管理的轨道，严格限制在国家规定的范围之内；（2）结合不同情况和要求，使排放标准的执行更加具体化、合理化；（3）具有较大的灵活性，可以根据各种不同情况，在许可证中规定具体的限制条件和特殊要求。

执行许可证制度的关键问题是制定恰当的排放标准和规定具体义务。许多国家的法律都尽可能对一般义务和要求作出规定。西德"污染控制法"中具体规定了须经许可的设施经营人的义务：（1）不得对环境造成有害影响；（2）应采取防治措施，特别是依照最新技术水平，采取限制排污的措施；（3）无害地利用生产的残余物质。同时还规定必须履行下列要求：（1）设施必须符合规定的技术要求；（2）排放物不得超过规定的限量；（3）设施经营人应依照法定规程对排放物和污染量进行测量，或使他人进行测量。法国的1964年水法规定，排入公共排水系统的污水必须经过预处理。不经处理排入自然环境的废水必须是无害的。无害的标准是：不引起鱼类死亡；不影响自然环境及正常用途；不含有有毒及易燃物质。

在日本和荷兰，实行一种类似许可证制度的"防止公害协议书"或"契约保证书"制度。这是在筹建对环境有影响的企业或工程时，由地方政府、有关当局和筹建人共同协商签订的议定书。议定事项与许可证规定条件类似，目的也是使企业投产后保证遵守国家规定标准和义务，将其对环境的影响，限制在国家允许的范围内。这种制度的好处是，除了对经营人具有约束力之外，还促使企业同政府合作与配合。

中国对污染源和各种排污活动的管理，还是一个薄弱的环节。各种单位都把环境作为天然"垃圾箱"任意排污而没有任何批准手续。这是中国环境污染日趋严重并难以控制的原因之一。正在制定的《水污染防治法》规定了向水体排污单位，必须向当地管理机关申报登记拥有的排污设施及排放污染物的种类、数量、浓度。拆除或闲置污染物处理设施，应提前申报并征得同意。这样规定是十分必要的。

（四）经济刺激手段的使用

在市场经济和价值规律起作用的场合，费用和收益影响经济活动。许多经济学者主张在环境管理中，必须重视使用各种经济刺激手段。

各国环境法中采用的经济刺激形式多种多样。最主要的是财政援助、税收优待和低息贷款、污染者负担原则在法律上的使用等。

1.财政援助

有些国家考虑污染治理需要较多资金，而对污染的过分严格控制，会产生严重社会经济后果。因此需要从立法上对污染控制的努力，给予各种形式的财政补贴。如日本"公害对策基本法"23 条规定：国家和地方政府应采取必要的金融和税收措施，鼓励企业修建和改进公害防治设施，在"大气污染防治法"和"水污染防治法"中又分别规定：国家对企业修建烟尘，污水处理设施提供必要的资金和技术帮助。投资最高的 1975 年度，日本政府用于环保投资的款项共约 9645 亿日元。美、英、西德、丹麦、荷兰等国也都对地方和企业修建污染处理设施提供各种津贴和补助金。英国为了防止大气污染，为"特别保护区"内改造炉窑提供财政补助。对个人的炉子可提供 70％的改造费用。意大利、爱尔兰、挪威等国政府对于地方和企业修建污水处理厂和下水道工程，均提供较优厚的财政补贴。

2.税收优待与低息贷款

税收优待与贷款，是一种间接的财政援助。如果说财政补贴只起正刺激作用，税收方式（免税、减税、加税）则可以起鼓励和抑制的正反两方面的作用。日本对于法定必须设置的大气与水体污染控制设备，不征收任何固定的不动产税。对防治公害设备（污水处理、煤烟处理、重油脱硫、工业废弃物等处理的设备）准许在第一年度即可按购买价格折旧 50％，这等于被征税额减少一半。对于低公害车辆减免货物税，对于已经脱硫的原油，以退还关税形式提供补助金。为了迁离人口稠密地区而购买土地建造楼房的免予征税。美国规定，凡采用环保局规定的先进工艺，在建成后 5 年内不征收财产税。在西德，为节约能源，鼓励用再生税，并规定使用新石油征税，使用再生油则不征税。芬兰的征税法使刺激与抑制相结合，对某些污染产品征收特别税，对某些工业品则免税。日本根据《防止公害事业费企业主负担法》对污染企业实行征税，将征来的税款用于环境恢复，排除积累性污染。

日本为防止公害使用低息贷款的数量也相当大。利率比市场利率要低1％～2％，偿还期限一般为 10 年。1975 年日本各种低息贷款总额为三千多亿日元，其少付的利息共约 360 亿日元（实际等于补助金额），约占防止公害总投资的 1.3％。西德联邦政府在 1975 年提供了 800 万马克的低息贷款，用于修建污水处理厂。

关于由政府对环保投资实行补助的政策，国外有一种意见，认为这种投资数量不宜过多。如果政府支付金额（实际上是社会负担金额）远远大于污染者自己负担部分，是不合理的，也使人怀疑，实施这种政策的目的究竟是为了保护环境，还是为了保护企业。在这种情况下，"污染者负担原则"被提出来了。

3.污染者负担原则在法律上的使用

用以防止公害的投资，是为维护一定环境质量（它因生产活动受到损害）支付的代价，是生产费用的一部分。这笔费用应该由谁支付？经济合作与发展组织环境委员会在 70 年代初，首先提出了"污染者负担的原则"。提出这一原则的根据是，这样作可以合理地利用稀有资源，防止环境损害，实现社会公平。这一原则后来得到广泛承认，并被许多国家作为环境保护的基本原则订入法律中。在私有制和利润原则占统治地位的资本主义国家，采用这种实际上是经济赔偿与惩罚的方法，对于控制私人企业造成的污染是一个非常有效的办法。

污染者所负担费用的范围，有两种不同意见：一种认为：污染者必须支付其污染活动造成的全部环境费用和损失费用。在日本，有人主张污染者应负担防止公害费用、环境恢复费用、预防费用和被害者救济费用。理由是作为损害健康及生活环境的加害者，理所当然地应承担所造成的后果的全部责任。这是社会道初和法理上的一般概念。另一种认为，把一切环境费用都加在生产者身上是行不通的，也会给经济发展带来严重后果。他们主张，污染者应负担两笔费用，即消除污染的费用和损害赔偿费用。这是多数国家法律确认的范围。

如何测算污染治理费用和污染损害程度，从而具体确定污染者所应负担的费用，在方法上和统计学上存在很多困难。在法律上如何规定也是个复杂问题。因为除某一特定地区只有单一污染源外，环境的损害、受害者的损失，往往是若干污染物长期散布和共同作用的结果。这就很难对每一特定污染源所应承担的费用作出精确的计算。

有些国家为防止污染者负担原则变成"消费者负担原则"，在法律上也采取种种限制措施，目的是使生产者在改善管理和采用无污染或少污染新工艺方面找到出路。但采取这种措施，在很多场合，还是难以完全防止某些企业把费用计入生产成本而转嫁给消费者的。

污染者负担原则在法律上一般表现为三种方式：排污收费（有的国家称污染税），赔偿损失、罚款。被广泛采用的是排污收费制度。

排污收费制度要求对污染物的排放按照种类、浓度和数量（也有的考虑地区因素）收取排污费。这种制度多用于水体保护，也有用于大气污染和其他污染的，如征收飞机噪音税等。

在水体保护中，有些国家把排污收费扩大到用水收费。因为对水的污染防治，最经济有效的方法首先是节约用水。水一旦被污染，治理费用极其昂贵，有的还难以恢复原状。因此各国立法都注意从用水到排污两方面加以控制。东德、匈牙利、捷克斯洛伐克、意大利、法国等都征收用水费。意大利和捷克斯洛伐克还对超过基本用水量的实行累进收费。这对促进节约用水和循环用水十分有效。在东德把排污收费同企业的经济核算相联系。非农业用水一律估价收费；超标排放污水，则按比例收费。而这种费用不能借价格手段转嫁给消费者，或者计入生产成本。结果使企业利润减少。这种把污染负担同企业经济利益相联系的方法，必然会促使企业极大地关心控制和治理污染。

西德于 1976 年专门制定了"废水收费法"，对废水收费的适用范围、估算方法、有害物的确定、缴费义务等都作了具体规定。其中值得注意的是，对每个有害单位的年征税率，按年度大幅度递增。这无疑是为了促使排污者抓紧治理，并减少排污量。

在中国，不能照搬外国经济刺激办法。但是，结合中国的情况，以计划调整和行政管理为主，辅以适当形式的经济刺激则是完全必要的。中国"环境保护法"中有些规定，就是按照中国情况，利用经济刺激方法的例子，如：综合利用的产品"给予减税、免税和价格政策上的照顾，盈利所得不上交，由企业用于治理污染和改善环境"；"超过国家规定的标准排放污染物，要按照排放污染物的数量和浓度，根据规定收取排污费"。

（五）污染案件的损害赔偿

污染案件的损害赔偿，有某些不同于一般民事案件损害赔偿的特点。不少国家在立法上作了一些相应的新规定。

1.无过失责任制的采用

在一般民事案件的损害赔偿中，实行严格的过失责任制，是从罗马法流传下来的古老民法传统。赔偿责任就意味着过失责任，无过失，即无责任。1900 年德国民法典规定了一个在资产阶级民法典中比较完整概括的侵权行为责任的条文："因故意或过失不法侵犯他人的生命、身体、健康、自由、所有权或其他权利者，负向他人赔偿由此所产生损害的义务"。

私有制，特别是资本主义自由竞争，要求对个人权利、自由加以绝对维护，这是产生这种民法理论的经济基础。这种民法理论认为：个人权利的行使，难免对他人造成损害，如果不以过失为损害赔偿的必要条件，势必影响和限制自由竞争和生产的发展。

首先打破过失责任制的是资本主义大型危险性工业和交通运输事业的发展。这些工业在经营人无过失的情况下，也可能给他人造成伤害，如果依据过失责任制，受害者将得不到赔偿。在广大受害者的反对下，这一传统法律原则终于被打破。它较早地反映在 1838 年普鲁士制定的关于铁路企业的特别法的规定中：铁路公司对所运输的人及物，或因转运之故对别的人及物造成损害，应负赔偿责任。容易致人损害的企业，虽企业主毫无过失，也不得以无过失为免除赔偿责任的理由。

50 年代后，在一些工业国家，由于环境污染造成的危害空前加剧，公害赔偿案件激增。在这些公害诉讼中，除少数事故性排污外，绝大多数工业污染并无过失，而危害范围却相当广泛。在这种情况下，至关重要的是考虑保护环境和受害人的利益，考虑污染造成的损害结果，而不是污染行为有无过失。因此，在污染案件的损害赔偿中，一律实行无过失责任制，已成为很多国家法律的通用原则。所不同的只是有的国家直接规定排污案件实行无过失责任制，有的则把"危险责任"的无过失责任制扩大到污染危害。日本的《水质污染防治法》和《大气污染防治法》分别在 25 条、19 条直接规定了污染赔偿的无过失责任制：工厂或企业由于业务活动而排放有害于人体健康的物质、污水和废液，以致造成生命或健康的损害时，该工厂或企业应对损害负赔偿责任。苏联把污染危害列入"危险责任"一类，实行无过失责任制。苏联民法典第 454 条规定：

"其活动对周围人有高度危险的组织和公民（交通运输组织、工业企业、建筑工程部门、汽车占有人等），如果不能证明高度危险来源所造成的损害是由于不能抗拒的力量或受害人的故意所致，应当赔偿所造成的损害"。

东德民法典承认污染损害赔偿的无过失责任原则，但附加了一些条件。该法第 329 条（二）规定："企业或工厂对环境的扰乱和影响未超过不可避免的水平或法定标准，或为消灭这种影响所采取的相应技术措施在目前尚不可能，或在经济上不允许，不产生要求限制或给予赔偿的请求权"。换句话说，只有在超出正常水平或超标排放，或未采取技术上、经济上允许的清除措施而造成损害时，被害人才享有赔偿的请求权。

2.举证责任的转移及因果关系的推定原则

传统民法要求受害人行使赔偿请求按时必须提出，加害人有故意或过失违法行为，违法行为与损害结果之间有因果关系等的证据。这种由原告"举证"的制度及其证明的内容，对污染案件的原告来说是难以做到的。很明显，污染受害人对工厂企业的排污行为，无法知道是出于故意、过失或无过失行为。而确定某种污染物与损害结果之间的因果关系，进而提出证据，更涉及到复杂的科学技术问题，污染受害人是难以做到的。坚持原告举证的制度，不仅会使污染受害人处于十分不利的地位，而且意味着，污染者在被用足够证据证明应承担责任之前，是无需负责的，这就等于鼓励污染者不顾后果的掠夺自然资源，污染环境。因此，有些国家的法律作了这样的修订：举证责任由被告承担，实行因果关系的"推定"原则。美国密执安州 1970 年的环境保护法规定：原告只需提出表面证据，表明污染者已有污染行为或很可能有污染行为，而"举证"责任则转移到被告身上。日本《关于危害人体健康公害犯罪处罚法》第五条规定："如果某人在工商企业的经营活动中，已排放有可能危害人体健康的物质，且其单独排放量已达到足以危害公众健康的程度，且公众的健康已在排污后受到危害，则可以推定，这种危害是由该排污者引起的"。日本法院在"四大公害"案件的审判中，根据这种推定原则，采取了病理学的旁证方法，即把流行病学的调查结果作为因果关系的证据，而不要求污染行为与损害结果之间有直接因果关系的严格证明。

第三节　环境标准

环境标准是为保护人群健康、社会财物和促进生态良性循环，对环境中的污染物（或有害因素）水平及其排放源应规定的限量阈值或技术规范。它是有关控制污染保护环境的各种标准的总和，是由政府制定的强制性法规。

一、环境标准的作用

环境标准的作用有以下几个方面：

（1）环境标准既是环境保护和有关工作的目标，又是环境保护的手段。它是制定环境保护护规划和计划的重要依据。

（2）环境标准是判断环境质量和衡量环保工作优劣的准绳。评价一个地区环境质量的优劣，评价一个企业对环境的影响，只有与环境标准相比较才能有意义。

（3）环境标准是执法的依据。不论是环境问题的诉讼、排污费的收取、污染治理的目标等执法的依据都是环境标准。

（4）环境标准是组织现代化生产的重要手段和条件。通过实施标准可以制止任意排污，促使企业对污染进行治理和管理；采用先进的无污染、少污染工艺；设备更新；资源和能源的综合利用等。

总之，环境标准是环境管理的技术基础。

二、环境标准的种类

目前世界上对环境标准没有统一的分类方法，可以按适用范围划分，按环境要素划分，也可以按标准的用途划分。

按标准的适用范围可分为国家标准、地方标准和行业标准。

按环境要素划分，有大气控制标准、水质控制标准、噪声控制标准、固体废物控制标准和土壤控制标准等。其中对单项环境要素又可按不同的用途再细分,如水质控制标准又可分为饮用水水质标准、渔业用水水质标准、农田灌溉水质标准、海水水质标准、地面水环境质量标准等。

各国应用最多的是按标准的用途划分,一般可分为环境质量标准、污染物排放标准、污染物控制技术标准、污染警报标准和基础方法标准等。

三、中国的环境标准体系

中国根据环境标准的适用范围、性质、内容和作用,实行三级五类标准体系。三级是国家标准、地方标准和行业标准;五类是环境质量标准、污染物排放标准、方法标准、样品标准和基础标准。

(一)环境标准的分级

国家环境标准由国务院环境保护行政主管部门制定,针对全国范围内的一般环境问题。其控制指标的确定是按全国的平均水平和要求提出的,适用于全国的环境保护工作。

地方环境标准由地方省、自治区、直辖市人民政府制定,适用于本地区的环境保护工作。由于国家标准在环境管理方面起宏观指导作用,不可能充分兼顾各地的环境状况和经济技术条件,因此各地应酌情制定严于国家标准的地方标准,对国家标准中的原则性规定进一步细化和落实。例如,内蒙古自治区人民政府针对包头市氟化物污染严重的问题,制定了《包头地区氟化物大气质量标准》和《包头地区大气氟化物排放标准》;福建省人民政府制定了《制鞋工业大气污染物排放标准》等。这些标准的制定,不仅为地方控制污染物排放直接提供了依据,也为制定国家标准奠定了基础。

国家环保局从1993年开始制定环境保护行业标准,以便使环境管理工作进一步规范化、标准化。环境保护行业标准主要包括:环境管理工作中执行环保法律、法规和管理制度的技术规定、规范;环境污染治理设施、工程设施的技术性规定;环保监测仪器、设备的质量管理以及环境信息分类与编码等,适用于环境保护行业的管理。目前已发布的环境保护行业标准如《环境影响评价技术导则》和《环境保护档案管理规范》等。

（二）环境标准的分类

1.环境质量标准

环境质量是各类环境标准的核心，环境质量标准是制定各类环境标准的依据，它为环境管理部门提供工作指南和监督依据。环境质量标准对环境中有害物质和因素作出限制性规定，它既规定了环境中各污染因子的容许含量，又规定了自然因素应该具有的不能再下降的指标。中国的环境质量标准按环境要素和污染因素分成大气、水质、土壤、噪声、放射性等各类环境质量标准和污染因素控制标准。国家对环境质量提出了分级、分区和分期实现的目标值。

日、美等国现有的污染警报标准也是环境质量标准的一种，它是为保护环境不致严重恶化或预防发生事故而规定的极限值，超过这个极限就向公众发出警报，以便采取必要措施。

2.污染物排放标准

污染物排放标准是根据环境质量标准及污染治理技术、经济条件，而对排入环境的有害物质和产生危害的各种因素所作的限制性规定，是对污染源排放进行控制的标准。通常认为，只要严格执行排放标准环境质量就应该达标，事实上由于各地区污染源的数量、种类不同，污染物降解程度及环境自净能力不同，即使排放满足了要求，环境质量也不一定达到要求。为解决此矛盾还制定了污染物的总量指标，将一个地区的污染物排放与环境质量的要求联系起来。

污染控制技术标准是生产、设计和管理人员执法的具体技术措施，是污染物排放标准的一种辅助规定。它根据排放标准的要求，对燃料、原料、生产工艺、治理技术及排污设施等作出具体的技术规定。

3.方法标准

方法标准是指为统一环境保护工作中的各项试验、检验、分析、采样、统计、计算和测定方法所作的技术规定。它与环境质量标准和排放标准紧密联系，每一种污染物的测定均需有配套的方法标准，而且必须全国统一才能得出正确的标准数据和测量数值，只有大家处在同一水平上，在进行环境质量评价时才有可比性和实用价值。

4.环境标准样品

环境标准样品指用以标定仪器、验证测量方法、进行量值传递或质量控制的材料或物质。它可用来评价分析方法，也可评价分析仪器、鉴别灵敏度和应用范围，还可评价分析者的水平，使操作技术规范化。在环境监测站的分析质量控制中，标准样品是分析质量考核中评价实验室各方面水平、进行技术仲裁的依据。

中国标准样品的种类有水质标准样品、气体标准样品、生物标准样品、土壤标准样品、固体标准样品、放射性物质标准样品、有机物标准样品等。

5.环境基础标准

环境基础标准是对环境质量标准和污染物排放标准所涉及的技术术语、符号、代号（含代码）、制图方法及其他通用技术要求所作的技术规定。

目前中国的环境基础标准主要包括以下几种：

（1）管理标准。如环境影响评价与"三同时"验收技术规定，大气、水污染物排放总量控制技术规范，排污申报登记技术规范等。

（2）环境保护名词术语标准。如中国颁布的《空气质量词汇》（GB 6919-86）、《水质词汇》（GB 6816-86）。

（3）环境保护图形符号标准。为提高公众环境意识和加强环境管理而制定的"水污染排放口"和"工业固体废弃物堆放场"的图形标志。

（4）环境信息分类和编码标准。环境保护是一门新兴的综合性科学，其信息量极为丰富，计算机的应用带来了管理技术的革命，而随着环境信息的积累和环境数据库的建立，信息分类编码的标准化已成为十分迫切的任务。

6.环保仪器、设备标准

为了保证污染治理设备的效率和环境监测数据的可靠性和可比性，对环境保护仪器、设备和技术要求所作的统一规定。

（三）环境标准体系

环境标准体系是各个具体的环境标准按其内在联系组成的科学的整体系统。

　　环境标准包括多种内容、多种形式、多种用途的标准，充分反映了环境问题的复杂性和多样性。标准的种类、形式虽多，但都是为了保护环境质量而制定的技术规范，可以形成一个有机的整体。建立科学的环境标准体系，对于更好地发挥各类标准的作用，做好标准的制定和管理工作有着十分重要的意义。截止到 1997 年底，中国已颁布各类环境标准 390 项（见表 9-1），中国的环境标准体系可用图 9-2 表示。

表 9-1　中国的环境标准统计

分类 级别数量	质量	排放	方法	标样	基础	合计
国标	11	79	231	29	11	361
行标				29		
合计				390		

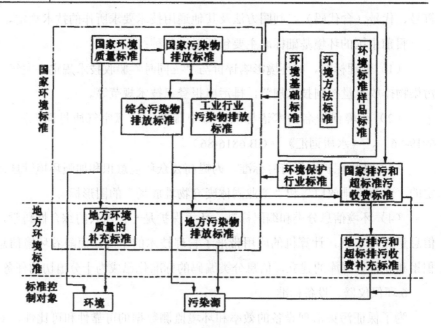

图 9-2 环境标准体系

四、制定环境标准的基本原则

环境标准体现国家技术经济政策。它的制定要充分体现科学性和现实性相统保护环境质量的良好状况，又促进国家经济技术的发展。

（一）要有充分的科学依据

标准中指标值的确定，要以科学研究的结果为依据，如，环境质量标准是以环境质量基准为基础。所谓环境质量基准，是指经科学试验确定污染物（或因素）对人或生物不产生不良或有害影响的最大剂量或浓度，例如，经研究证实：大气中 SO_2 年平均浓度超过 $0.115mg / m^3$ 时对人体健康就会产生有害影响，这个浓度值就是大气中 SO_2 的基准。制定监测方法标准要对方法的精确度、精密度、干扰因素及各种方法的比较等进行试验。制定控制标准的技术措施和指标，要考虑它们的成熟程度、可行性及预期效果等。

（二）既要技术先进，又要经济合理

基准和标准是两个不同的概念。环境质量基准是由污染物（或因素）与人或生物之间的剂量反应关系确定的，不考虑社会、经济、技术等人为因素，也不随时间而变化。而环境质量标准是以环境质量基准为依据，考虑社会、经济、技术等因素而制定，并具有法律强制性，它可以根据情况不断修改、补充。污染控制标准制定的焦点是如何正确处理技术先进和经济合理之间的矛盾，标准要定在最佳实用点上。这里有"最佳实用技术法"（简称 BPT 法）和"最佳可行技术法"（简称 BAT 法）两种；BPT 法是指工艺和技术可靠，从经济条件上国内能够普及的技术；BAT 法是指技术上证明可靠、经济上合理，属于代表工艺改革和污染治理方向的技术，环境污染从根本上讲是资源、能源的浪费，因此，标准应促使工矿企业技术改造，采用少污染、无污染的先进工艺，按照环境功能、企业类型、污染物危害程度、生产技术水平区别对待……这些也应在标准中明确规定或具体反映。

（三）与有关标准、规范、制度协调配套

质量标准与排放标准、排放标准与收费标准、国内标准与国际标准之间应该相互协调才能贯彻执行。

（四）积极采用或等效采用国际标准

国家标准是反映该国的技术、经济和管理水平，积极采用或等效采用国际标准，是中国重要的技术经济政策，也是技术引进的重要部分。它能了解当前国际先进技术水平和发展趋势，也可大量节省中国在制定标准中人力、物力，避免重复他人工作。除此之外，还需考虑对原有企业和新、扩建企业在一定时期内可有不同要求，以利生产。

第十章 环境监测与评价

第一节 环境监测

一、环境监测的基本概念

环境监测是指测定代表环境质量的各种标志数据的过程。它是在环境分析的基础上发展起来的。

随着世界各国经济的增长，自然界储存的资源，如煤、石油等各种矿藏被广泛地开发和利用。由于人口密集的大城市和工矿区的建立，使大量化学物质进入环境，超过了大自然的自净能力，在环境中不断积累，产生了危及人类生存的公害。为了寻求环境质量变化的原因，必须先从污染物的性质、来源、含量及其分布状态的分析开始。于是环境分析化学就成为环境科学的先驱，在环境分析中发挥了积极作用。环境分析是以基本化学物质为单位，以对物质进行定性、定量分析为基础，从而对影响环境质量的原因进行研究的一门科学。环境分析的主要对象是工业排放物，包括大气、水体、土壤和生物中的各种污染物。其分析方式，既可以在现场直接测定，也可以采集样品在实验室进行分析。但是，判断环境质量的好坏，仅对单个污染物短时间的样品分析是不够的，必须有代表环境质量的各种标志的数据，即各种污染物在一定范围的长时间的污染数据，才能对环境质量作出确切地评价。这项任务对以化学分析为手段的环境分析是难以完成的，而物理测定则为此提供了方便条件。

物理测定是指测定那些与物理单位（如长度、重量、时间、温度等）或物理量（加热、光、电、磁等）有关的现象或状态。将物理测定原理和测量工艺相结合，使测量连续化、自动化，这就是环境污染物理测定的基础。物理测定与环境结合，并有目的地对环境质量某些代表值进行长时间地（连续地或间断地）测定过程，称为环境监测。

根据上述意义，可以认为环境分析是化学分析与环境的结合，而环境监测是物理测定与环境的结合。前者是后者的发展基础，而后者较前者包括的范围更广，意义更深。但是，随着环境监测技术的发展，化学分析和物理测定之间相互渗透，兼而用之，并没有截然的分界限。如利用压电晶体频差原理和光学原理，对污染物进行定性定量就是物理测定在化学分析中的应用；利用化学反应产生发光和颜色的原理，测定污染物的性质和含量就是化学分析在物理测定中的应用。

此外，生物监测也是环境监测的一个组成部分。所谓生物监测，就是利用生物对环境污染所发生的各种信息作为判断环境污染状况的一种手段。生物长期生活在自然环境中，不仅可以反映出多种因子污染的综合效应，而且也能反应环境污染的历史状况。所以生物监测可以弥补化学分析和物理测定的某些不足。

二、环境监测的目的、任务和分类

环境监测是开展环境管理和环境科学研究的基础，是制定环境保护法规的重要依据，是搞好环保工作的中心环节。

（一）环境监测的目的

1.评价环境质量，预测环境质量变化趋势

（1）提供环境质量现状数据，判断是否符合国家制定的环境质量标准。

（2）掌握环境污染物的时空分布特点，追踪污染途径，寻找污染源，预测污染的发展动向。

（3）评价污染治理的实际效果。

2.为制定环境法规、标准、环境规划、环境污染综合防治对策提供科学依据

（1）积累大量的不同地区的污染数据，依据科学技术和经济水平，制定切实可行的环境保护法规和标准。

（2）根据监测数据，预测污染的发展趋势，为作出正确的决策、制定环境规划提供可靠的资料。

（3）为环境质量评价提供准确数据。

3.收集环境本底值及其变化趋势数据，积累长期监测资料，为保护人类健康和合理使用自然资源。以及确切掌握环境容量提供科学依据。

4.揭示新的环境问题，确定新的污染因素，为环境科学研究提供方向。

（二）环境监测的任务

1.评价环境质量，预测、预报环境质量发展趋势。

2.加强污染源监测，揭示污染危害，探明污染程度和趋势，进行环境监控管理、实现环境监测新突破。

3.积累各类环境数据，掌握环境容量，为实现环境污染总量控制及实施目标管理提供依据。

4.及时分析处理监测数据和资料，建立监测数据及污染源分类技术档案，为制定及执行环保法规、标准及环境污染防治对策提供科学依据。

（三）环境监测的分类

环境监测按其目的和性质可分为三类监测。

1.监视性监测（常规监测或例行监测）

监视性监测指监测环境中已知污染因素的现状和变化趋势，确定环境质量，评价控制措施的效果，判断环境标准实施的情况和改善环境取得的进展。其中包括污染源控制排放监测和污染趋势监测。

2.事故性监测（特例监测或应急监测）

事故性监测指发生事故性污染时确定污染程度、危及范围，以便采取有效措施降低和消除危害。这类监测期限短，随着事故完结而结束，常采用流动监测、空中监测或遥感等手段。

3.研究性监测

对某一特定环境，研究确定污染因素从污染源到受体的迁移转化的趋势和规律。当监测结果表明存在环境问题时，还必须确定污染因素对人体、生物体和各种物质的危害程度。研究性监测周期长、监测范围广。

为了便于工作的开展，一般按监测对象的不同，环境监测又可分为水质污染监测、大气污染监测、土壤污染监测、生物污染监测、固体废物污染监测及能量污染监测等。按污染物或污染因素的性质不同，可分为化学毒物监测、卫生（包括病源体、病毒、寄生虫及霉菌毒素等污染）监测、热污染监测、噪声和振动污染监测、光污染监测、电磁辐射污染监测、放射性污染监测和富营养化监测等。

三、环境监测的原则

在环境监测中，由于影响环境质量的因素繁多（仅水中有害物质就有近千种），并受人力、监测手段、经济等方面条件的限制，不可能包罗万象地监测，应根据需要和可能进行选择监测，并要坚持以下原则：

随着经济的发展、科学技术的进步，在环境科学中对影响环境质量因素涉及的范围及其定量化的要求也愈来愈高。这将更加依赖于环境监测。加强环境监测方法及仪器设备的研究，使监测方法和仪器设备更加现代化，使监测结果更加及时、准确、可取是促进环境科学发展的需要，也是环境监测人员的愿望。但由于中国经济总体来说还比较落后，而且各地区的经济发展也不平衡，所以，应根据不同的监测目的，结合自己的实际情况，建立合理的环境监测指标体系，进行费用—效益分析，在满足环境监测要求的前提下，确定监测技术路线和技术装备，建立准确可靠、经济实用的环境监测方案。

（一）全面规划、合理布局的原则

环境问题的复杂性决定了环境监测的多样性。监测结果是环境监测中布点采样、样品的运输、保存、分析测试及数据处理等多个环节的综合体现，其准确可靠程度取决于环境监测中最为薄弱的环节。所以应分别不同情况，全面规划、合理布局，采用不同的技术路线，综合把握优化布点、格保存样品、准确分析测试等环节，实现最优环境监测。

（二）优先监测原则

由于影响环境质量的因素繁多，因此，实际工作时应按情况对那些危害大、出现频率高的污染物实行优先监测的原则。优先监测污染物包括：（1）对环境影响大的污染物；（2）已有可靠的监测方法并能获得准确数据的污染物；（3）已有环境标准或其他依据的污染物；（4）在环境中的含量已接近或超过规定的标准浓度，污染趋势还在上升的污染物；（5）环境样品有代表性的污染物。

四、监测程序与方法

由于环境问题十分复杂，为把环境监测这项工作作好，须全面把握环境监测的全过程与各个环节。

（一）监测程序

1.现场调查与资料收集

环境污染随时间、空间变化，受气象、季节、地形地貌等因素的影响。应根据监测区域的特点，进行周密的现场调查和资料收集工作。主要调查收集区域内各种污染源及其排放情况和自然与社会环境特征。自然和社会环境特征包括：地理位置、地形地貌、气象气候、土壤利用情况以及社会经济发展状况。

2.确定监测项目

监测项目应根据国家规定的环境质量标准，本地区内主要污染源及其主要排放物的特点来选择。同时还要测定一些气象及水文测量项目。

3.监测点布设及采样时间和方法

采样点布设得是否合理，是能否获取有代表性样品的前提，所以应予以充分重视。

（1）大气污染监测

大气污染监测优化布点的基本原则是：①采样点的位置应包括整个监测地区的高浓度、中浓度和低浓度三种不同的地方；②污染源集中、主导风向比较明显的，污染源的下风向为主要监测范围，应布设较多的采样点，上风向布设较少采样点作对照；③工业比较集中的城区和工矿区，采样点数目多些，郊区和农村则可少些；④人口密度大的地方采样点的数目多些，人口密度小的地方可少些；⑤超标地区采样点的数目多些，未超标地区可少些。

根据上述原则及环境监测区域内污染状况，可采用网格布点法、扇形布点法、同心圆布点法或按功能区划分的布点方法。

在采样时间和采样频率方面，必须考虑气象条件的变化特征，尽量在污染物出现高、中、低浓度的时间内采集，对于日平均浓度的测定来讲，在条件许可的情况下，每隔 2～4h 采样 1 次，测定结果能较好地反应大气污染的实际情况。在条件差的情况下，每天至少也应测定 3 次，时间应分配在大气稳定的夜间、不稳定的中午和中等稳定程度的早晨或黄昏。如果测定年平均值，最好是每月 1 次，每次测 3～5d，每天的采样时间和次数与测定日平均浓度相同。

一般来说，在采样方法方面，大气中污染物浓度较高和测定方法灵敏度高的情况下，采用直接采样法（如测大气中 CO 含量），该法常用的采样器有塑料袋、注射器、采气管、真空瓶。当大气中被测物质的浓度较低，或分析方法的灵敏度不够高时，采用浓缩采样法，浓缩采样法有溶液吸收法、固体阻留法和低温冷凝法。监测大气中 SO_2、NO_x 时，一般采用溶液吸收浓缩法。

（2）水质污染监测

对于地表水水质监测布点的原则主要考虑以下几点：

①在大量废水排入河流（或湖泊）的主要居民区、工业区的上游和下游；

②湖泊、水库、河口的主要出口和入口；

③河流主流道、河口、湖泊和水库的代表性位置；

④主要用水地区，如公用给水的取水口、商业性捕鱼水域等；

⑤主要支流汇入主流、河口或沿海水域的汇合口。

遵循上述基本原则，一般采用设置断面的方法进行布点。所设置的断面有三种。

①对照断面。该断面反映进入本地区河流水质的初始情况，布设在不受污染物影响的城市和工业排污区的上游。一个河段可只设一个对照断面，

②控制断面。布设在评价河段末端或河段内有控制意义的位置，如支流汇入、废水排放口等下方，可设一至数个控制断面。

③消减断面。布设在控制断面的下游，污染物浓度有显著下降处，反映河流对污染物稀释自净情况。在每个断面上，一般采用三点采样法。

在地面水常规监测中，为了掌握水质的变化，最好能 1 个月采 1 次水样。一般常在丰、枯、平水期（或潮汛河流的涨落、平潮），每期采样 2 次。另外，北方的冰封期和南方的洪水期各增加采样 2 次。如受某些条件限制，至少也要在丰水期和枯水期各采样 1 次。

在采样方法方面，根据监测项目确定是混合采样还是单独采样。采样方法通常有：采集表层水样可用桶、瓶等容器直接采取；当水深大于 5m 时，或采集有溶解性气体、还原物物质等水样时，需选择适宜的采样器采样；水文气象参数及部分水质监测项目，需在现场进行测试。

4.环境样品的保存

环境样品在存放过程中，由于吸附、沉淀、氧化还原、微生物作用等影响，样品的成分可能发生变化，引起较大误差。因此，从采样到分析测定的时间间隔应尽可能缩短。如不能及时运输和分析测定的样品，需采取适当的方法保存。较为普遍的保存方法有加入化学试剂和冷藏冷冻法。目前认为冷藏温度接近冰点或更低是最好的保存技术，因为冷冻对以后分析测定无妨碍。

5.环境样品的分析测试

根据样品特征及所测组分特点，参考以上所述方法原则，选择适宜的分析测试方法在此不详述。

6.数据处理与记过上报

由于监测误差存在于环境监测全过程的始终，只有在可靠的采样和分析测试的基础上运用数理统计的方法处理数据，才可得到符合客观要求的数据。监测数据经复核后上报。

（二）数处理中常见的统计指标

1 检出率

检出率指污染物的检出数占样品总数的百分比，即

$$A_i = \frac{n_i}{N_i} \times 100\%$$

式中　A_i——污染物 i 的检出率，%；

　　　n_i——检出污染物 i 的样品个数；

　　　N_i——测定污染物 i 所采的样品总数。

2.超标率

超标率指某污染物超过排放标准的检出次数占污染物检出样品数的百分比，即

$$D_i = \frac{f_i}{n_i} \times 100\%$$

式中　D_i——污染物 i 的超标率，%；

　　　f_i——污染物 i 的超标样品数；

　　　n_i——污染物 i 的检出样品数。

3.超标倍数

环境中某种污染物的实际浓度与同一污染物规定的环境标准相比，所得比值即为超标倍数，用此表示该污染物对环境污染的程度。

（三）环境污染的特点

1.污染物的时间分布

在大气污染监测中，常会遇到在不同的时间里同一污染源对同一地点所造成的污染物的地面浓度可相差数倍或数十倍。这是由于污染源的排放规律和气象条件随生产过程的特点以及季节和昼夜的不同而不同，因此，同一污染源对同一地点所造成的地面浓度就随时间的不同而异。

在水质污染监测中，污染物的浓度同样也受污染源的排放情况和时间变

化的影响，随水体丰水期、枯水期以及潮汛的变化而变化。

2.污染物的空间分布

污染物排放到环境中后，随水流和空气运动而被扩散稀释。不同污染物的稳定性和扩散速度与污染物性质及其所处地理位置有关。因此，不同地理位置上污染物的浓度分布是不相同的。

污染物在水体中的浓度随污染物的扩散能力和水流运动而变化。一般相对分子质量小、溶解性好、不易分解、不易被有机或无机颗粒吸附的污染物输送到较远的地方。反之，则很快发生变化或被颗粒吸附而沉入河底，从而在水中浓度随着距污染源的距离增大而迅速降低或消失。

大气污染中，一个点源（如烟囱）或线源（如交通干线）排放的污染物，形成一个较小的污染气团，它受气象条件和环境条件影响，在距污染源不同距离和高度上，污染物浓度分布产生较大的变化。

环境污染物的时间和空间分布是环境污染的重要特征之一，因此在环境监测工作中，不但要考虑污染物浓度随时间不同而有不同的分布外，还要注意其在空间上的分布差别。这是选择采样点、采样时间和采样频率的主要依据，是获得有代表性监测数据的基础，对环境质量的正确表达具有重大意义。

3.环境污染与含量的关系

环境污染物种类繁多，其含量差别很大，有的可高达常量范围，有的可低至微量、痕量甚至更低的水平。但有害物质对环境引起危害的量及其无害的自然本底值之间存在一界限，放射性和电磁辐射及噪声的强度也有同样的情况，这一界限值称为阈值。阈值越小的污染物对环境危害就越大。对阈值的研究是判断环境污染程度的重要依据，也是制定环境标准的科学依据。

4.污染因素的综合效应

环境是一个复杂体系，由单一污染物对环境作用的结果很少，往往是多种污染因素联合作用的结果，必须考虑各种因素的综合效应。从传统毒理学观点看，多种污染物同时对人体或生物体的影响有以下几种情况：

（1）单独作用。当机体中某些器官只是由于混合物中某一组分发生危害，没有因污染物的共同作用而加深危害的，称为污染物的单独作用。

（2）相加作用。混合污染物各组分对机体的同一器官的毒害作用彼此相似，且偏向同一方向，当这种作用等于各污染物毒害作用的总和时，称为污染的相加作用。

（3）相乘作用。当混合污染物各组分对机体的毒害作用超过个别毒害作用的总和时称为相乘作用，如 SO_2 和颗粒物之间对机体有相乘作用。

（4）拮抗作用。当两种或两种以上污染物对机体的毒害作用彼此抵消一部分或大部分时，称为拮抗作用。

环境污染会使生态系统发生变化，不同程度地改变某些生态系统的结构和功能。进入大气的污染物之间互相作用，或与大气中正常组分发生反应以后，形成新的污染物——二次污染物，其毒害作用更大。

5.环境污染的社会评价

环境污染的社会评价是与社会制度、社会文明程度、技术经济发展水平、民族的风俗习惯、哲学、法律等问题有关的。有些具有潜在危险的污染物因慢性危害往往不引起人们的注意，而某些现实的、直接感受到的因素（如建筑噪声）容易受到社会的重视。

（四）监测分析方法及选择

在环境监测工作中，由于污染因素性质的不同所采用的分析方法也不同。单纯物理性质（如噪声）测定的工作比较少，绝大部分工作是污染组分的化学分析。

1.分析方法的特点

用于环境监测的分析方法一般可分为两大类：一类是化学分析法，另一类是仪器分析法（也叫物理化学分析法）。

（1）化学分析法

化学分析法包括容量法（酸碱滴定、氧化还原滴定、沉淀滴定、络合滴定）和重量法。化学分析法的主要特点有：

①准确度高，其相对误差一般小于 0.2%；

②仪器设备简单，价格便宜；

③灵敏度低，适用于常量组分测定，不适于微量组分测定。

（2）仪器分析法

仪器分析法的种类很多，主要有以下几种：

①以测定光辐射的吸收或发射为基础。分光光度法、紫外分光光度法、红外分光光度法、原子吸收光谱法、荧光光度法、红外吸收法、原子发射光谱法等。

②以溶液的电化学效应为基础。极谱法、库仑法、电导法、离子电极法、电位溶出法等。

③以色谱分离检定为基础。气相色谱法、高压液相色谱、离子色谱等。

④还有质谱法、中子活化法、X射线分析法、核磁共振法等。

仪器分析法的共同特点有：

①灵敏度高，适用于微量、痕量甚至超痕量组分的分析；

②选择性强，对试样预处理要求简单；

③响应速度快，容易实现连续自动测定；

④有些仪器可以联合使用，如色谱一质谱联用仪等，该方法可使每种仪器的优点都能得到更好的利用；

⑤仪器的价格比较高，有的十分昂贵，设备复杂，与化学分析法相比，仪器法的相对误差较大。

2.分析方法的选择

环境样品试样数量大，试样组成复杂而且污染物含量差别很大。因此，在环境监测中，要根据样品特点和待测组分的情况，权衡各种因素，有针对性地选择最适宜的测定方法。一般来说可从以下几方面加以注意：

（1）为了使分析结果具有可比性，应尽可能采用国家现行环境监测的标准统一分析方法。这些方法中对每个监测项目都列有几种分析方法，可根据具体条件选用。

（2）根据样品待测物浓度的大小分别选择化学分析法或仪器分析法。一般情况下，含量大的污染物选择准确度高的容量法测定；含量低的污染物可根据现有条件选择适宜的仪器分析法。

（3）在条件许可的情况下，对某些项目尽可能采用具有专属性的单项成分测定仪。

（4）在多组分的测定中，如有可能应选用同时兼有分离和测定的有机物的测定，可选择气相色谱法或高效液相色谱法等。

（5）在经常性的测定中，尽可能利用连续性自动测定仪。

五、环境监测的意义

环境监测是为了特定目的，按照预先设计的时间和空间，用可以比较的环境信息和资料收集的方法，对一种或多种环境要素或指标进行间断或连续地观察、测定、分析其变化及对环境影响的过程。

环境污染虽然自古就有，但环境科学作为一门学科只是在 20 世纪 60 年代才发展起来，最初影响较大的环境污染事件主要是由于化学污染物所造成，因此，对环境样品进行化学分析以确定其组成和含量的科学——环境分析化学就产生了。由于环境污染物通常处于痕量级，基体复杂，流动性、变异性大，对分析的灵敏度、准确度、分辨率和分析精度等提出了很高要求。所以，环境分析化学实际上是分析化学的发展，同时也是环境化学的分支学科。

环境科学的发展首先要求判断环境质量，或判断环境是否已被污染破坏及其污染破坏的程度。由于环境中各种污染物之间、污染物与其他物质以及其他因素之间存在着相加或拮抗作用，所以，仅对单个污染物短时间的取样分析是不够的，必须取得代表环境质量的各种数据。即需要得到各种污染因素在一定范围内的时、空分布数据，才能对环境质量作出确切的评价。这项任务单靠环境分析化学一种方法是难以完成的，必须和先进的物理或物理化学及生物的各种方法相结合才能完成。

判断环境质量，从监测手段上来看，有对环境样品组分、污染物分析测试的化学监测方法；有对环境中热、声、光、电磁、振动、放射性等物理量和状态测定的物理监测方法，以及利用生态系统中生物的群落、种群变化、畸形变种、受害症状等生物对环境污染所发生的各种信息，作为判断环境污染状况的环境生物监测方法。目前，环境监测以化学监测和物理监测为主要手段，但由于生物长期生活在自然环境中，它不仅可以反映多种因子污染的综合效应，也能反映环境污染的历史状况，即长期的积累效应。生物监测可以完成化学监测和物理监测不可能完成的工作，是环境监测的重要组成部分。

从环境监测的过程来说，它应包括：现场调查—布点—样品采集—样品运送、保存及处理—分析测试—数据处理—质量保证与综合评价等一系列过程。即首先根据监测目的要求，进行监测范围内现场调查；根据监测目的要求和现场调查资料，研究确定监测项目、采样点的数目和具体位置，调配采样人员和运输车辆；在确定的采样时间和频率内采集样品并及时送往实验室；按规定的分析方法进行样品分析；将分析数据进行处理和统计检验，并依据规定的有关标准进行综合评价，写出监测报告。环境监测由多个环节组成，只有把各个环节都做好了，才能获得代表环境质量的各种标志的数据，才能反映真实的环境质量。相反，无论哪一个环节出现问题，都不可能取得代表环境质量的正确数据。环境监测数据的准确性、精密性、完整性、代表性和可比性，取决于环境监测过程中最薄弱的环节。在不能保证各个环节都做好的前提下，过分强调某一环节的作用是毫无意义的。

从当今信息技术的发展来看，环境监测是环境信息的捕获—传递—解析—综合的过程。只有对环境信息的解析和综合，才能揭示环境监测的内涵，直接为环境管理、环境保护服务。

第二节　环境影响评价

一、环境影响评价

　　环境影响是指人类的行为对环境产生的作用以及环境对人类的反作用。人类行为对环境产生的影响可以是有害的，也可以是有利的；可以是长期的，也可以是短期的；可以是潜在的，也可以是现实的。总之，人类活动对环境产生的作用是多变的、复杂的。要识别这些影响，并制定出减轻对环境不利影响的措施，是一项技术性极强的工作，这种工作就是环境影响评价。

　　环境影响评价是一项技术，运用这项技术，可以识别和预测某项人类活动对环境所产生的影响，解释和传播影响信息，制定出减轻不利影响的对策措施，从而达到人类行为与环境之间的协调发展。

　　根据目前人类活动的类型及对环境的影响程度，环境影响评价可分为以下三种类型：

　　1.单项建设工程的环境影响评价

　　这种评价是环境影响评价体系的基础，其评价内容和评价结论针对性很强。对工程的选址、生产规模、产品方案、生产工艺、工程对环境的影响以及减少和防范这种影响的措施都有明确的分析、计算和说明，对工程的可行性有明确结论。

　　2.区域开发的环境影响评价

　　与单项工程环境影响评价相比，区域开发环境影响评价更具有战略性。它强调把整个区域作为一个整体来考虑，评价的着眼点在于论证区域的选址、建设性质、开发规划、总体规模是否合理，同时也重视区域内的建设项目的布局、结构、性质、规模，根据周围环境的特点，对区域的排污量进行总量控制。为使区域的开发建设对周围环境的影响控制在最低水平，提出相应的减轻影响的具体措施。

3.公共政策的环境影响评价

这类环境影响评价主要指对国家权力机构发布的政策进行影响评价。这是一项战略性极强的环境影响评价。它与前面两种评价不同之处在于，评价的区域是全国性的或行业性的，识别的影响是潜在的、宏观的，评价的方法多以定性的和半定量的各种综合、判断和分析。

总之，公共政策的环境影响评价是在最高层次上进行的环境影响评价，是为高层次的开发建设决策服务的，因此，它在环境保护工作中所起的作用也是巨大的、全局性的。

环境影响评价是正确认识经济发展、社会发展和环境发展之间相互关系的科学方法，是正确处理经济发展使之符合国家总体利益和长远利益，强化环境管理的有效手段，是实现可持续发展的重要措施，对确定社会经济发展方向和保护环境等重大决策问题起着重要作用。

环境影响评价合理确定一个地区的产业结构、产业规模和产业布局，正确地确定社会经济发展方向。环境影响评价过程是对一个地区的自然条件、资源条件、环境质量和社会经济发展现状进行综合分析的过程。它是根据一个地区环境、社会、资源的综合能力，使人类活动对环境的不利影响控制到最小水平的强有力措施。

二、环境影响评价制度

历史经验告诉我们，要保护好人类环境，维护生态平衡，光靠消极被动的治理是不行的，不仅花钱多，收效小，甚至造成难以挽回的损失。积极的办法是预防，不让环境污染和破坏发生，或者把环境污染和破坏控制在尽可能小的限度之内。做到这一步，要有许多政策措施和工程措施，推行环境影响评价制度无疑是员基本的措施之一。

随着中国经济建设工作的不断发展，我们还要兴建大批工业、农业、水利、能源、交通和其他各项事业。原有的城市会有发展，新的城镇将大量兴建。在这种形势下，预防环境的污染和破坏就具有更积极的意义。为了在经济建设中保护好环境，基本方针是：预防为主，防治结合，综合治理。要求把预防摆在环境保护工作的首位，把预防与治理结合起来；把单项治理与综合治理结合起来；把工程措施与管理措施结合起来；把局部措施与区域措施结合起来。推行环境影响评价制度，正是实现这一方针的重要保障。

把环境影响评价工作以法律形式确定下来，作为一个必须遵守的制度，这叫做环境影响评价制度。美国是世界上第一个把环境影响评价工作在国家环境政策法中肯定下来的国家，随后瑞典、澳大利亚、法国、日本、加拿大、中国等也建立了不同形式的环境影响评价制度。

以法律形式确定的环境影响评价制度是带有强制性的，凡是对环境有重大影响的开发项目必须作出环境影响报告书。报告书的内容必须包括开发此项目对自然环境、社会环境将会带来何种影响，根据其影响的程度打算采取何种防治措施以减轻其危害程度。报告书必须上报有关环保部门，经批准后其开发项目才能实施。

中国环境领导部门吸取了国外的经验教训，早在 1979 年颁布的《中华人民共和国环境保护法（试行）》第六、第七条中明确规定了环境影响评价制度。在 1989 年颁布的《中华人民共和国环境保护法》第二章第十三条规定："建设污染环境的项目，必须遵守国家有关建设项目环境保护管理的规定。建设项目的环境影响报告书，必须对建设项目产生的污染和对环境的影响作出评价，规定防治措施，经项目主管部门预审并依照规定的程序报环境保护行政主管部门批准。环境影响报告书经批准后，计划部门方可批准建设项目设计任务书。"

环境影响评价是一项十分重要的环境管理措施。过去国内一些大型工程建设项目在建设之前由于缺乏环境影响评价工作，兴建以后带来严重的环境后果。一些矿山开发、水利工程、钢铁厂、火力发电厂、炼油厂、石油化工厂、农药厂、造纸厂、有色金属冶炼厂等由于布局不当，选址不妥，给所在地环境带来严重影响，使这些地区环境质量严重下降，给当地居民健康及生态系统带来严重威胁，这些教训应当引以为戒。

随着中国环境影响评价研究的不断深入，同时借鉴外国的经验，并结合中国的实际情况，逐渐形成了具有中国特色的环境影响评价制度。其特点主要表现在以下几方面。

1.具有法律强制性

中国的环境影响评价制度是国家环境保护法明令规定的意象法律制度，以法律形式约束人们必须遵照执行，具有不可违抗的强制性。

2.纳入基本建设程序

早在 1986 年发布的《建设项目环境保护管理办法》和 1990 年发布的《建设项目环境保护管理程序》，以及 1998 年 11 月 18 日国务院第 10 次常务会通过并公布的《建设项目环境保护管理条例》都明确规定了对未经环境保护主管部门批准环境影响报告书的建设项目，计划部门不办理设计任务书的审批手续，土地管理部门不办理征地手续，银行不予贷款。这样就更加具体地把环境影响评价制度结合到基本建设的程序中去，使其成为建设程序中不可缺少的环节。因此，环境影响评价制度在项目前期工作中有较大的约束力。

3.评价的对象侧重于单项建设工程

由于中国是发展中国家，正在进行大规模的经济建设，目前数量较多的是进行单项工程的环境影响评价，而更有重大意义的区域评价和政策评价开展的还不多。

4.与"三同时"制度紧密衔接

"三同时"制度是中国特有的一项环境管理制度，环境影响评价制度与"三同时"制度相衔接，构成保证经济建设与环境建设同步实施的两个重要环节，这是中国环境影响评价制度的一大特点。

5.实行持证评价和评价机构审查制度

这是实施环境影响评价制度中建立的一项行政法规。即：承担环境影响评价工作的单位，必须持《建设项目环境影响评价资格证书》，按照"证书"中规定的范围开展环境影响评价工作，并对结论负责。对持证单位实行申报审查和定期考核的管理程序及分级管理体制，对考核不合格的或违反有关规定的，给予罚款乃至中止和吊销"证书"的处罚。

第十一章 可持续发展战略

第一节 可持续发展理论的形成

发展是人类社会不断进步的永恒主题。经过工业革命的洗礼，人类用科学技术的力量使自己成为了大自然的主宰，然而，始料不及的环境问题对单纯追求经济增长的思想观念和思维方式提出了严峻挑战。在对工业文明的反思过程中，可持续发展的思想在环境与发展理念的不断更新中逐步形成。

一、早期的反思与忧虑

20 世纪 30 年代到 60 年代，当导致众多人群非正常死亡、残废、患病的公害事件不断出现以后，伴随着这些震惊西方发达国家的公害事件而来的是民众环境意识的空前高涨，人们开始了对传统工业发展模式的反思。

20 世纪 50 年代末，美国海洋生物学家密切尔·卡逊在潜心研究美国使用杀虫剂所产生的种种危害之后，于 1962 年发表了环境保护科普著作《寂静的春天》，作者通过对污染物富集、迁移、转化的描写，阐明了人类同大气、海洋、河流、土壤、动植物之间的密切关系，揭示了污染对生态系统的影响。《寂静的春天》告诉人们："地球上生命的历史一直是生物与周围环境相互作用的历史……，只有人类出现以后，生命才有了改造其周围大自然的异常能力。在人对环境的所有袭击中，最令人震惊的，是空气、土地、河流以及大海受到各种致命化学物质的污染。这种污染是难以清除的，因为它们不仅进入了生命赖以生存的世界，而且进入了生物组织内。"她还向世人呼吁，我们长期以来行驶的道路，容易被人误认为是一条可以高速前进的平坦、舒适的超级公路，但实际上，这条路的终点却潜伏着灾难。

作为环境保护的先行者，卡逊的思想在世界范围内，较早地引发了人类对自身的传统行为和观念进行比较系统和深入地反思。

1968 年，来自世界各国的几十位科学家、教育家和经济学家等学者聚会罗马，成立了一个非正式的国际协会——罗马俱乐部。它的工作目标是关注、探讨与研究人类面临的共同问题，使国际社会对人类面临的社会、经济、环境等诸多问题，有更深入的理解，并在现有全部知识的基础上推动采取能扭转不利局面的新态度、新政策和新制度。

受俱乐部的委托，以麻省理工学院 D.梅多斯为首的研究小组，针对长期流行于西方的高增长理论进行了深刻反思，并于 1972 年提交了俱乐部成立后的第一份研究报告——《增长的极限》。报告深刻阐明了环境的重要性以及资源与人口之间的基本关系。报告认为：由于世界人口增长、粮食生产、工业发展、资源消耗和环境污染这五项基本因素的运行方式是指数增长而非线性增长，全球的增长将会因为粮食短缺和环境破坏于下世纪某个时段内达到极限。就是说，地球的支撑力将会达到极限，经济增长将发生不可控制的衰退。因此，要避免因超越地球资源极限而导致世界崩溃的最好方法是限制增长，即"零增长"。

《增长的极限》一发表，在国际社会特别是在学术界引起了强烈的反响，引发了一场激烈的、旷日持久的学术之争。讨论是围绕着这份报告中提出的观点展开的，即经济的不断增长是否会不可避免地导致全球性的环境退化和社会解体。到 70 年后期，经过进一步广泛的讨论，人们基本上达到了一个比较一致的结论，即经济发展可以不断地持续下去，但必须对发展加以调整，即必须考虑发展对自然资源的最终依赖性。

虽然《增长的极限》的结论和观点存在明显的争议，但是，报告所表现出的对人类前途的"严肃的忧虑"以及争议引起的关注，其意义却是非常的重大。它所阐述的"合理的、持久的均衡发展"，也为孕育可持续发展的思想萌芽提供了土壤。

二、对环境问题的挑战及可持续概念的提出

正是在环境问题得到全世界的普遍关注以后，1972 年，联合国人类环境会议在斯德哥尔摩召开，来自世界 113 个国家和地区的代表汇聚一堂，共同讨论环境对人类的影响问题。这是人类第一次将环境问题纳入世界各国政府和国际政治的事务议程。大会通过的《人类环境宣言》宣布了 37 个共同观点和 26 项共同原则。它向全球呼吁：现在已经到达历史上这样一个时刻，我们在决定世界各地的行动时，必须更加审慎地考虑它们对环境产生的后果。由于无知或不关心，我们可能给生活和幸福所依靠的地球环境造成巨大的无法挽回的损失。因此，保护和改善人类环境是关系到全世界各国人民的幸福和经济发展的重要问题，是全世界各国人民的迫切希望和各国政府的责任，也是人类的紧迫目标。各国政府和人民必须为全体人民和自身后代的利益做出共同的努力。

作为探讨保护全球环境战略的第一次国际会议，联合国人类环境大会的意义在于唤起各国政府共同对环境问题，特别是对环境污染的觉醒和关注。尽管大会对整个环境问题认识比较粗浅，对解决环境问题的途径尚未确定，尤其是没能找出问题的根源和责任，但是，它正式吹响了人类共同向环境问题挑战的进军号。各国政府和公众的环境意识，无论是在广度上还是在深度上都向前迈进了一步。

1980 年，国际自然保护联盟、联合国环境规划署、世界野生基金会共同发表了名为《世界保护策略》的报告，这一报告的副标题是：可持续发展的生命资源保护。该报告的主要目的有三个：

（1）解释生命资源保护对人类生存与可持续发展的作用；

（2）确定优先保护的问题及处理这些问题的要求；

（3）提出达到这些目标的有效方式。

该报告分析了资源和环境保护与可持续发展之间的关系，并指出，如果发展的目的是为人类提供社会和经济福利的话，那么保护的目的就是要保证地球具有使发展得以持续和支持所有生命的能力，保护与可持续发展是相互依存的，二者应当结合起来加以综合分析。这里的保护意味着管理人类利用

生物圈的方式，使得生物圈在给当代人提供最大持续利益的同时保持其满足未来世代人需求的潜能；发展则意味着改变生物圈以及投入人力、财力、生命和非生命资源等去满足人类的需求和改善人类的生活质量。

虽然《世界保护策略》以可持续发展为目标，围绕保护与发展做了大量的研究和讨论，且反复用到可持续发展这个概念，但它并没有明确给出可持续发展的定义。尽管如此，人们一般认为可持续发展概念的发端源于此报告，且此报告初步给出了可持续发展概念的轮廓或内涵。

20 世纪 80 年代，联合国本着必须研究自然的、社会的、生态的、经济的以及利用自然资源过程中的基本关系，确保全球发展的宗旨，于 1983 年 12 月成立了以前挪威首相布伦特兰夫人为主席，包括马世骏先生在内的由 22 人组成的世界环境与发展委员会（WCED）。该委员会的任务是要制定一个"全球革新议程"，其中包括：

（1）提出到 2000 年及以后实现可持续发展的长期环境对策；

（2）寻找某些环境方面的途径，通过这些途径可以形成发展中国家以及处于不同社会经济发展阶段的国家间的广泛合作，并取得有关人口、资源、环境和发展相互关系的共同和互相支持的目标；

（3）寻找一些途径和措施，通过这些途径和措施国际社会能够更有效地处理环境问题。

（4）确定能为大家一致认同的长期环境问题及相应的保护和加强环境的有关措施。

经过近 4 年的时间，该委员会完成了《我们共同的未来》这份重要的报告，该报告提出了"从一个地球走向一个世界"的总观点，并在这样的一个总观点下，从人口、资源、环境、食品安全、生态系统、物种、能源、工业、城市化、机制、法律、和平、安全与发展等方面比较系统地分析和研究了可持续发展问题的各个方面。报告深刻指出，在过去，我们关心的是经济发展对生态环境带来的影响，而现在，我们正迫切地感到生态的压力对经济发展所带来的重大影响。因此，我们需要有一条新的发展道路，这条道路不是一条仅在若干年内、在若干地方支持人类进步的道路，而是一直到遥远的未来都能支持全球人类进步的道路，即"可持续发展道路"。该报告第一次明确给出了可持续发展的定义，即"可持续发展是既满足当代人的要求，又不对后代人满足其需求的能力构成危害的发展。"

该报告认为可持续发展涉及两个重要的概念：一个是"需求"的概念，可持续发展应当特别优先考虑世界上穷人的需求；另一个是技术和社会组织水平对人们满足需求的环境能力的制约。该报告同时指出，世界各国的经济和社会发展目标必须根据可持续性原则加以确定，解释可以不一样，但必须有一些共同的特点，必须从可持续发展的概念上和实现可持续发展战略上的共同认识出发。

布伦特兰鲜明、创新的科学观点，把人们从单纯考虑环境保护引导到把环境保护与人类发展切实结合起来，实现了人类有关环境与发展思想的重要飞跃。1989 年 5 月，联合国环境规划署召开了第 15 届理事会，通过了《关于可持续发展的声明》。

三、可持续发展战略的完善及实施

1992 年 6 月，根据当时的环境与发展形势需要，同时也为了纪念联合国人类环境会议 20 周年，联合国环境与发展大会（UNCED）在巴西里约热内卢召开。共有 183 个国家的代表团和 70 个国际组织的代表出席了会议，102 位国家元首或政府首脑到会讲话。会议通过了《里约环境与发展宣言》（又名《地球宪章》）和《21 世纪议程》两个纲领性文件。前者是开展全球环境与发展领域合作的框架性文件，是为了保护地球永恒的活力和整体性，建立一种新的、公平的全球伙伴关系的"关于国家和公众行为基本准则"的宣言。它提出了实现可持续发展的 27 条基本原则；后者则是全球范围内可持续发展的行动计划，它旨在建立 21 世纪世界各国在人类活动对环境产生影响的各个方面的行动规则，为保障人类共同的未来提供一个全球性措施的战略框架。此外，各国政府代表还签署了联合国《气候变化框架公约》等国际文件及有关国际公约。可持续发展在此得到世界最广泛和最高级别的政治承诺。

根据形势需要，联合国在这次会议之后成立了《联合国可持续发展委员会》。

2002 年 8 月,《可持续发展世界首脑会议》于南非约翰内斯堡召开,191 个国家派团参加了这次会议,其中 104 个国家元首或政府首脑参加了这次会议。这次会议的主要目的是回顾《21 世纪议程》的执行情况、取得的进展和存在的问题,并制定一项新的可持续发展行动计划,同时也是为了纪念《联合国环境与发展会议》召开 10 周年。经过长时间的讨论和复杂谈判,会议通过了《关于可持续发展的约翰内斯堡宣言》和《可持续发展世界首脑会议实施计划》这一重要文件。

这次会议是 1992 年里约地球首脑会议的后续。里约会议 10 年来,世界范围内贫富分化更趋严重,人类在健康、生物多样性、农业生产、水和能源 5 大领域面临非常严重的挑战,全球可持续发展状况有恶化的趋势。

在作为这次首脑会议政治宣言的《约翰内斯堡可持续发展承诺》中,各国承诺将不遗余力地执行可持续发展的战略,把世界建成一个以人为本,人类与自然协调发展的美好社会。《执行计划》指出,当今世界面临的最严重的全球性挑战是贫困,消除贫困是全球可持续发展必不可少的条件。

与里约会议通过的《21 世纪行动议程》相比,这次首脑会议设立的目标更加明确,并在多数项目上确定了行动时间表,其中包括:到 2020 年最大限度地减少有毒化学物质的危害;到 2015 年将全球绝大多数受损渔业资源恢复到可持续利用的最高水平;在 2015 年之前,将全球无法得到足够卫生设施的人口降低一半;到 2010 年大幅度降低生物多样性消失的速度;以及到 2005 年开始实施下一代人资源保护战略等。

可以这样说,里约联合国环发大会通过的《21 世纪议程》为全球可持续发展指明了大方向,而南非大会通过的《执行计划》则提出了诸多明确目标,并设立了相应的时间表。而且,南非大会把消除贫困纳入可持续发展理念之中、并作为这次首脑会议的主旋律之一,是里约会议 10 年来的最大进步,也标志着人类的可持续发展理念提高到了一个新的层次。

第二节　可持续发展战略的内涵与特征

奠基于《寂静的春天》、《增长的极限》，脱胎于《世界保护策略》、《我们共同的未来》的可持续发展，在里约《环境与发展大会》、南非《可持续发展世界首脑会议》上得到了国际社会的确认和实施。作为 20 世纪 80 年代提出的一个新概念，《我们共同的未来》报告中对可持续发展的概念是这样阐述的："可持续发展是既满足当代人的要求，又不对后代人满足其需求的能力构成危害的发展。"

可以说，可持续发展首先是从环境保护的角度来倡导保持人类社会进步与发展的，它明确提出要变革人类沿袭已久的生产方式和生活方式，并调整现行的国际经济关系。这种调整和变革要按照可持续的要求进行设计和运行，这几乎涉及经济发展和社会生活的所有方面，包含了当代与后代的需求、国家主权与国际公平、自然资源与生态承载力、环境与发展相结合等重要内容。就理性设计而言，可持续发展具体表现在：工业应当是高产低耗、能源应当被清洁利用、粮食需要保障长期供给、人口与资源应当保持相对平衡、经济与社会应与环境协调发展等等。

一、可持续发展战略的基本思想

以往人们对"发展"的理解往往局限于经济领域，把发展狭义地理解为经济的增长，即国民生产总值的提高、物质财富的增多及人民生活水平的改善等等。但可持续发展是一个涉及经济、社会、文化、技术及自然环境的综合概念。它是一种立足于环境和自然资源角度提出的关于人类长期发展的战略和模式。这并不是一般意义上所指的在时间和空间上的连续，而是特别强调环境承载能力和资源的永续利用对发展进程的重要性和必要性。它的基本思想主要包括三个方面：

（一）可持续发展鼓励经济增长

它强调经济增长的必要性，必须通过经济增长提高当代人福利水平，增强国家实力和社会财富。但可持续发展不仅要重视经济增长的数量，更要追求经济增长的质量。这就是说经济发展包括数量增长和质量提高两部分。数量的增长是有限的，而依靠科学技术进步，提高经济活动中的效益和质量，采取科学的经济增长方式才是可持续的。因此，可持续发展要求重新审视如何实现经济增长。要达到具有可持续意义的经济增长，必须审视使用能源和原料的方式，改变传统的以"高投入、高消耗、高污染"为特征的生产模式和消费模式，实施清洁生产和文明消费，从而减少每单位经济活动造成的环境压力。环境退化的原因产生于经济活动，其解决的办法也必须依靠于经济过程。

（二）可持续发展的标志是资源的永续利用和良好的生态环境

经济和社会发展不能超越资源和环境的承载能力。可持续发展以自然资源为基础，同生态环境相协调。它要求在严格控制人口增长、提高人口素质和保护环境、资源永续利用的条件下，进行经济建设、保证以可持续的方式使用自然资源和环境成本，使人类的发展控制在地球的承载力之内。可持续发展强调发展是有限制条件的，没有限制就没有可持续发展。要实现可持续发展，必须使自然资源的耗竭速率低于资源的再生速率，必须通过转变发展模式，从根本上解决环境问题。如果经济决策中能够将环境影响全面系统地考虑进去，这一目的是能够达到的。但如果处理不当，环境退化和资源破坏的成本就非常巨大，甚至会抵消经济增长的成果而适得其反。

（三）可持续发展的目标是谋求社会的全面进步

发展不仅仅是经济问题，单纯追求产值的经济增长不能体现发展的内涵。可持续发展的观念认为，世界各国的发展阶段和发展目标可以不同，但发展的本质应当包括改善人类生活质量，提高人类健康水平，创造一个保障人们平等、自由、教育和免受暴力的社会环境。这就是说，在人类可持续发展系统中，经济发展是基础，自然生态保护是条件，社会进步才是目的。而这三者又是一个相互影响的综合体，只要社会在每一个时间段内都能保持与经济、资源和环境的协调，这个社会就符合可持续发展的要求。显然，在新的世纪里，人类共同追求的目标，是以人为本的自然—经济—社会复合系统的持续、稳定、健康的发展。

二、可持续发展的基本原则

可持续发展具有十分丰富的内涵。就其社会观而言，主张公平分配，既满足当代人又满足后代人的基本需求；就其经济观而言，主张建立在保护地球自然系统基础上的持续经济发展；就其自然观而言，主张人类与自然和谐相处。从中所体现的基本原则有：

（一）公平性原则

所谓的公平性是指机会选择的平等性。这里的公平具有两方面的含义：一方面是指代际公平性，即世代之间的纵向公平性，另一方面是指同代人之间的横向公平性。可持续发展不仅要实现当代人之间的公平，而且也要实现当代人与未来各代人之间的公平。这是可持续发展与传统发展模式的根本区别之一。公平性在传统发展模式中没有得到足够重视。从伦理上讲，未来各代人应与当代人有同样的权力来提出他们对资源与环境的需求。可持续发展要求当代人在考虑自己的需求与消费的同时，也要对未来各代人的需求与消费负起历史的责任，因为同后代人相比，当代人在资源开发和利用方面处于一种无竞争的主宰地位。各代人之间的公平要求任何一代都不能处于支配的地位，即各代人都应有同样选择的机会空间。

（二）持续性原则

这里的可持续性是指生态系统受到某种干扰时能保持其生产率的能力。可持续发展有着许多制约因素，其主要限制因素是资源与环境。资源与环境是人类生存与发展的基础和条件，离开了这一基础和条件，人类的生存和发展就无从谈起。因此，资源的持续利用和生态系统的可持续性的保持是人类社会可持续发展的首要条件。人类发展必须以不损害支持地球生命的大气、水、土壤、生物等自然条件为前提，必须充分考虑资源的临界性，必须适应资源与环境的承载能力。换言之，人类在经济社会的发展进程中，需要根据持续性原则调整自己的生活方式，确定自身的消耗标准，而不是盲目地、过度地生产、消费。可持续发展的可持续性原则从某一个侧面反映了可持续发展的公平性原则。

（三）可持续发展的和谐性原则

可持续发展不仅强调公平性，同时也要求具有和谐性，正如《我们共同的未来》报告中所指出的，"从广义上说，可持续发展的战略就是要促进人类之间及人类与自然之间的和谐。"如果每个人在考虑和安排自己的行动时，都能考虑到这一行动对其他人（包括后代人）及生态环境的影响，并能真诚地按"和谐性"原则行事，那么人类与自然之间就能保持一种互惠共生的关系，也只有这样，可持续发展才能实现。

（四）可持续发展的需求性原则

传统发展模式以传统经济学为支柱，所追求的目标是经济的增长，它忽视了资源的有限性，立足于市场而发展生产。这种发展模式不仅使世界资源环境承受着前所未有的压力而不断恶化，而且人类所需要的一些基本物质仍然不能得到满足。而可持续发展则坚持公平性和长期的可持续性，立足于人的需求而发展，强调人的需求而不是市场商品。可持续发展是要满足所有人的基本需求，向所有的人提供实现美好生活愿望的机会。

人类需求是由社会和文化条件所确定的，是主观因素和客观因素相互作用、共同决定的结果，与人的价值观和动机有关。首先，人类需求是一种系统（这里称之为人类需求系统），这一系统是人类的各种需求相互联系、相互作用而形成的一个统一整体。其次，人类需求是一个动态变化过程，在不同的时期和不同的文化阶段，旧的需求系统将不断地被新的需求系统所代替。

（五）可持续发展的高效性原则

可持续发展的公平性原则、可持续性原则、和谐性原则和需求性原则实际上已经隐含了高效性原则。事实上，前四项原则已经构成了可持续发展高效性的基础。不同于传统经济学，这里的高效性不仅是根据其经济生产率来衡量，更重要的是根据人们的基本需求得到满足的程度来衡量，是人类整体发展的综合和总体的高效。

（六）可持续发展的阶跃性原则

可持续发展是以满足当代人和未来各代人的需求为目标，而随着时间的推移和社会的不断发展，人类的需求内容和层次将不断增加和提高，所以可持续发展本身隐含着不断地从较低层次向较高层次的阶跃性过程。

三、可持续发展的战略核心

可持续发展的战略核心是科学发展观。可持续发展一方面是全球或国家的战略目标选择，另一方面又是诊断区域开发及其是否健康运行的标准。可持续发展从它被提出的那一刻起，就广泛地被全球各界所认同，并作为 21 世纪"自然—社会—经济"复杂巨系统的运行规则和运行目标，被编制到各种经济计划和各类发展规划之中。探究其中的缘故之后，学者们一致认为，这个革命性的思想存在着深刻的哲学背景、社会背景乃至心理上的背景。

可持续发展思想的核心，在于正确辨别两大基本关系，一是"人与自然"之间的关系，二是人与人之间的关系，要求人类以最高的智力水准与泛爱的责任感，去规范自己的行为，创造一个和谐的世界。人与自然的互为调适，协同进化是人类文明得以发展的必要性条件；而人与人的和谐共济、平等发展、利己利他的平衡、当代与后代的公正、自助互助的公信、自律互律的制约，凡此等等，是人类文明得以延续的充分性条件。惟有必要性条件与充分性条件的完满组合，才真正地构建了可持续发展的哲学框架，从根本上还原了中外先贤的理想范式。这个理想范式把乌托邦式的人类终极目标，复归到可操作的可持续发展现实，使人类对前途的黯淡心理为之一扫，一种积极的谨慎乐观的观念逐渐廓清，传统的思维定式正在突破，并经过长期痛苦的探索与反省，形成了世界上不同社会制度、不同意识形态、不同文化群体在可持续发展问题上的共识。

可持续发展的理论，还在于它能深刻揭示"自然—社会—经济"复杂巨系统的运行机制。在这个空前复杂的领域中，自然的规律应被充分地揭示，人文的规律也应被充分地揭示。自然与人文相互交织在更高层次上演绎的规律更应被充分地揭示。在目前，焦躁地寻求完美的解释和构建严密的体系，还在困扰着许多领域的科学家，这种困扰也许还要继续好几代人。

就可持续发展的最终目的而言，可以作如下的表述：其一，不断满足当代和后代人的生产和生活对于物质、能量和信息的需求，既从物质或能量等硬件的角度予以不断的提供，也从信息、文化等软件的角度予以不断的满足。其二，代际之间应体现公正、合理的原则去使用和管理属于全体人类的资源和环境；同时每代人也要以公正、合理的原则来担负各自的责任。当代人的发展不能以牺牲后代人的发展为代价。其三，区际之间应体现均富、合作、互补、平等的原则，去促成空间范围内同代人之间的差距缩短，不应造成物质上、能量上、信息上甚至心理上的鸿沟，共同去实现"资源—生产—市场"之间的内部协调和统一环圈。其四，"创造"自然—社会—经济支持系统的外部适宜条件，使得人类生活在一种更严格、更有序、更健康、更愉悦的内外环境之中，因此应当将系统的组织结构和运行机制，予以不断地优化。

可持续发展问题，是21世纪世界面对的最大中心问题之一。它直接关系到人类文明的延续，并成为直接参与国家最高决策的不可或缺的基本要素。难怪"可持续发展"的概念一经提出，在短短的几年内，已风靡全球，从国家首脑到广大社会公众，毫无例外地接受其观念和模式，并迅速地引入到计划制定、区域治理与全球合作等行动当中。美国国家科学院专门组织科学家探讨可持续发展战略思想的全球价值；美国国家科学基金会特设可持续发展资助专项，鼓励经济学家、生态学家、区域科学家和管理科学家，与政府官员一道，协力开展研究。联合国可持续发展委员会正在努力促进全球范围内对于可持续发展的全面行动。世界上人口最多的中国，更是把可持续发展作为国家基本战略。凡此种种，足证可持续发展的理论和思路，正作为一种划时代的思想，影响着世界发展的进程和人类文明的进程。

第三节 可持续发展的指标体系

制定和实施可持续发展战略是实现可持续发展的重要手段，是一项综合的系统工程。从目前国际社会所做的努力来看，大致从以下几个方面实施可持续发展战略。

（1）制定测度可持续发展的指标体系，研究如何将资源和环境纳入国民经济核算体系，以使人们能够更加直接地从可持续发展的角度，对包括经济在内的各种活动进行评价。

（2）制定条约或宣言，使保护环境和资源的有关措施成为国际社会的共同行为准则，并形成明确的行动计划和纲领。

（3）建立和健全环境管理系统，促进企业的生产活动和居民的消费生活向减轻环境负荷的方向转变。

（4）各有关国际组织和开发援助机构都把环境保护和支持可持续发展的能力建设作为提供开发援助的重点领域。

目前，尽管可持续发展在很大程度上被人们、尤其是各国政府所接受，但是，可操作性需要探讨。比如，如何测定和评价可持续发展的状态和程度，就需要一个可持续发展指标体系。

一、建立可持续发展指标体系的目标与原则

所谓指标就是综合反映社会某一方面情况绝对数、相对数或平均数的定量化信息。所有指标都必须具备两个要素：一是要尽可能地把信息定量化，使得这些信息清楚和明了；二是要能够简化那些反映复杂现象的信息，即使得所表征的信息具有代表性，又便于人们了解和掌握。

指标可以分为数量指标和质量指标两种。例如，人口数量、产品产量、排污总量等就是数量指标。把相应的数量指标进行对比，可以得到一定的派生指标，以反映现在达到的平均水平或相对水平，这就是质量指标。例如，

人口密度、出生率、死亡率、单位产品成本等都属于质量指标。质量指标可以反映现象之间的内在联系和比例关系。

（一）建立指标体系的目标

通过建立可持续发展指标体系构建评估信息系统，监测和揭示区域发展过程中的社会经济问题和环境问题，分析各种结果的原因，评价可持续发展水平，引导政府更好地贯彻可持续发展战略。同时为区域发展趋势的研究和分析，为发展战略和发展规划的制定提供科学依据。这就是建立指标体系的目标。

（二）建立指标体系的原则

1.科学性原则

指标体系要具备客观性，覆盖面要广，能综合地反映影响区域可持续发展的各种因素（如自然资源利用是否合理，经济系统是否高效，社会系统是否健康，生态环境系统是否向良性循环方向发展），以及决策、管理水平等。

2.层次性原则

由于区域可持续发展是一个复杂的系统，它可分为若干子系统，从而在各个层次生进行调控和管理。因此，应在不同层次上采用不同的指标。

3.相关性原则

从可持续发展的角度看，不管是表征哪一方面水平和状态的指标，相互间都有着密切的关联，因此，可持续发展的任何指标都必须体现与其他指标之间的内在联系。

4.简明性原则

指标体系中的指标内容应简单明了、具有较强的可比性并容易获取。指标不同于统计数据和监测数据，必须经过加工和处理使之能够清晰、明了地反映问题。

二、可持续发展指标体系

（一）可持续发展指标体系框架

一般认为，可持续发展包括三个关键要素，即经济、社会和环境。可持续发展的指标体系就是要为人们提供环境和自然资源的变化状况，提供环境与社会经济系统之间相互作用方面的信息。有关方面为此提出了可持续发展指标体系的驱动力—状态—响应框架。

驱动力指标反映的是对可持续发展有影响的人类活动、进程和方式，即表明环境问题的原因；状态指标用来衡量由于人类行为而导致的环境质量或环境状态的变化，即描述可持续发展的状况；响应指标是对可持续发展状况变化所作的选择和反应，即显示社会及其制度机制为减轻诸如资源破坏等所作的努力。

（二）可持续发展指标体系框架的设计

可持续发展指标体系必须具有这样几个方面的功能：

（1）能够描述和表征出某一时刻发展的各个方面的现状；

（2）能够描述和反映出某一时刻发展的各个方面的变化趋势；

（3）能够描述和体现发展的各个方面的协调程度。

也就是说，可持续发展的指标体系反映的是社会—经济—环境之间的相互作用关系，即三者之间的驱动力—状态—响应关系。根据指标体系的层次性原则，可持续发展指标体系应该包括全球、国家、地区（省、市、县）以及社区四个层次，它们分别涵盖以下主要方面：一是社会系统，主要有科学、文化、人群福利水平或生活质量等社会发展指标，包括食物、住房、居住环境、基础设施、就业、卫生、教育、培训、社会安全等；二是经济系统，包括经济发展水平、经济结构、规模、效益等；三是环境系统，包括资源存量、消耗、环境质量等；四是制度安排，包括政策、规划、计划等。

（三）联合国可持续发展指标体系

1992 年世界环境与发展大会以来，许多国家按大会要求，纷纷研究自己的可持续发展指标体系，目的是检验和评估国家的发展趋向是否可持续，并以此进一步促进可持续发展战略的实施。作为全球实施可持续发展战略的重大举措，联合国也成立了可持续发展委员会，其任务是审议各国执行"21世纪议程"的情况，并对联合国有关环境与发展的项目和计划在高层次进行协调。为了对各国在可持续发展方面的成绩与问题有一个较为客观的衡量标准，该委员会制定了联合国可持续发展指标体系。

联合国可持续发展指标体系由驱动力指标、状态指标、响应指标构成。

驱动力指标主要包括就业率、人口净增长率、成人识字率、可安全饮水的人口占总人口的比率、运输燃料的人均消费量、人均实际 GDP 增长率、GDP用于投资的份额、矿藏储量的消耗、人均能源消费量、人均水消费量、排入海域的氮磷数量、土地利用的变化、农药和化肥的使用、人均可耕地面积、温室气体等大气污染物排放量等；

状态指标主要包括贫困度、人口密度、人均居住面积、已探明矿产资源储量、原材料使用强度、水中的 BOD 和 COD 含量、土地条件的变化、植被指数、受荒漠化、盐碱和洪涝灾害影响的土地面积、森林面积、濒危物种占本国全部物种的比率、二氧化硫等主要大气污染物浓度、人均垃圾处理量、每百万人中拥有的科学家和工程师人数、每百户居民拥有电话数量等；

响应指标主要包括人口出生率、教育投资占 GDP 的比率、再生能源的消费量与非再生能源消费量的比率、环保投资占 GDP 的比率、污染处理范围、垃圾处理的支出、科学研究费用占 GDP 的比率等。

当然，由于可持续发展的内容涉及面广，且非常复杂，加之人们对可持续发展的认识还在不断加深，该指标体系未必符合每个具体国家的实际情况。要建立一套无论从理论上还是从实践上都比较科学的指标体系，尚需要进行深入的研究和探讨。

三、有关改进衡量发展指标的新思路

目前还没有一个普遍实用的体系可供操作，我们下面就介绍一些新思路。

国内生产总值是基于市场交易量的常用经济增长测度，是许多宏观经济政策分析与决策的基础。但是，从可持续发展的观点看，它存在着明显的缺陷，如忽略收入分配状况、忽略市场活动以及不能体现环境退化等状况。为了克服其缺陷，使衡量发展的指标更具科学性，不少权威的世界性组织和专家学者都提出了一些衡量发展的新思路。

（一）衡量国家（地区）财富的新标准

1995 年，世界银行颁布了一项衡量国家（地区）财富的新标准，即一国的国家财富由 3 个主要资本组成：人造资本、自然资本和人力资本。

1.人造资本

人造资本为通常经济统计和核算中的资本，包括机械设备、运输设备、基础设施、建筑物等人工创造的固定资产。

2.自然资本

自然资本指的是大自然为人类提供的自然财富，如土地、森林、空气、水、矿产资源等。可持续发展就是要保护这些财富，至少应保证它们在安全的或可更新的范围之内。很多人造资本是以大量消耗自然资本来换取的，所以应该从中扣除自然资本的价值。如果将自然资本的消耗计算在内，一些人造资本的生产未必是经济的。

3.人力资本

人力资本指的是人的生产能力，它包括了人的体力、受教育程度、身体状况、能力水平等各个方面。人力资本不仅与人的先天素质有关系，而且与人的教育水平、健康水平、营养水平有直接关系。因此，人力资本是可以通过投入人造资本来获得增长的。

从这一指标中我们可以看出，财富的真正含义在于：一是国家生产出来的财富，减去国民消费，再减去产品资产的折旧和消耗掉的自然资源。这就是说，一个国家可以使用和消耗本国的自然资源，但必须在使其自然生态保持稳定的前提下，能够高效地转化为人力资本和人造资本，保证人造资本和人力资本的增长能补偿自然资本的消耗。如果自然资源减少后，人力资本和人造资本并没有增加，那么这种消耗就是一种纯浪费型的消耗。

该方法更多地纳入了绿色国民经济核算的基本概念，特别是纳入了资源和环境核算的一些研究成果，通过对宏观经济指标的修正，试图从经济学的角度去阐明环境与发展的关系，并通过货币化度量一个国家或地区总资本存量（或人均资本存量）的变化，以此来判断一个国家或地区发展是否具有可持续性，能够比较真实地反映一个国家和地区的财富。

（二）人文发展指数

联合国开发计划署（UNDP）于 1990 年 5 月在第一份《人类发展报告》中，首次公布了人文发展指数（HD1），用以衡量一个国家的进步程度。它由收入、寿命、教育三个衡量指标构成。"收入"是指人均 GDP 的多少；"寿命"反映了营养和环境质量状况；"教育"是指公众受教育的程度，也就是可持续发展的潜力。收入通过估算实际人均国内生产总值的购买力来测算；寿命根据人口的平均预期寿命来测算；教育通过成人识字率（2 / 3 权数）和大、中、小学综合入学率（1 / 3 的权数）的加权平均数来衡量。

虽然"人类发展"并不等同"可持续发展"，但该指数的提出仍有许多有益的启示。HD1 强调了国家发展应从传统的以物为中心转向以人为中心，强调了追求合理的生活水平并不等同于对物质的无限占有，向传统的消费观念提出了挑战。则将收入与发展指标相结合，人类在健康、教育等方面的社会发展是对以收入衡量发展水平的重要补充，倡导各国更好地投资于民，关注人们生活质量的改善，这些都是与可持续发展原则相一致的。

"人文发展指数"进一步确认了一个经过多年争论并被世界初步认识到的道理："经济增长不等于真正意义上的发展，而后者才是正确的目标。"

（三）绿色国民账户

从环境的角度来看，当前的国民核算体系存在 3 个方面的问题。一是国民账户未能准确反映社会福利状况，没有考虑资源状态的变化；二是人类活动所使用自然资源的真实成本没有计入常规的国民账户；三是国民账户未计入环境损失。因此，要解决这些问题，有必要建立一种新的国民账户体系。

近年来，世界银行与联合国统计局合作，试图将环境问题纳入当前正在修订的国民账户体系框架中，以建立经过环境调整的国内生产净值（EDP）

和经过环境调整的净国内收入（ED1）统计体系。目前，已有一个试用性的框架问世，称为"经过环境调整的经济账户体系（SEEA）"。其目的在于，在尽可能保持现有国民账户体系的概念和原则的情况下，将环境数据结合到现存的国民账户信息体系中。环境成本、环境收益、自然资产以及环境保护支出均与以国民账户体系相一致的形式，作为附属内容列出。简单说来，SEEA 寻求在保护现有国民账户体系完整性的基础上，通过增加附属账户内容，鼓励收集和汇入有关自然资源与环境的信息。SEEA 的一个重要特点在于，它能够利用其他测度的信息，如利用区域或部门水平上的实物资源账目。因此，附属账户是实现最终计算 EDP 和 ED1 的一个重大进展。

　　一般说来，国内生产净值（NDP）为最终消费品，加上净资本形成，加上出口，减去进口。这一计算方法在于忽略了环境与自然资产的耗减。如果将这一部分加以环境因素的调整，我们便可以得到调整后的国内生产净值，即 EDP 为最终消费品，加上产品资产的净资本积累，加上非产品资产的净资本积累，减去环境资产的耗减和退化，加上出口，减去进口。

第四节 可持续发展战略的实施

中国对实施可持续发展战略给予了高度重视。在联合国环境与发展大会之后，中国政府认真履行自己的承诺，在各种场合，以各种形式表示了中国走可持续发展之路的决心和信心，并将可持续发展战略与科教兴国战略一起确定为中国的两大发展战略。

一、中国实施可持续发展战略的总体进展

1992 年，中国政府向联合国环境与发展大会提交的《中华人民共和国环境与发展报告》，系统回顾了中国环境与发展的过程与状况，同时阐述了中国关于可持续发展的基本立场和观点。

1992 年 8 月，中国政府制定"中国环境与发展十大对策"，提出走可持续发展道路是中国当代以及未来的选择。1994 年中国政府制定完成并批准通过了《中国 21 世纪议程——中国 21 世纪人口、环境与发展白皮书》，确立了中国21 世纪可持续发展的总体战略框架和各个领域的主要目标。在此之后，国家有关部门和很多地方政府也相应地制定了部门和地方可持续发展实施行动计划。

1993 年 3 月第八届全国人民代表大会第四次会议批准的《国民经济和社会发展"九五"计划和 2010 年远景目标纲要》，把可持续发展作为一条重要的指导方针和战略目标，并明确做出了中国今后在经济和社会发展中实施可持续发展战略的重大决策。"十五"计划还具体提出了可持续发展各领域的阶段目标，并专门编制和组织实施了生态建设和环境保护重点专项规划，社会和经济的其他领域也都全面地体现了可持续发展战略的要求。

与此同时，中国加强了可持续发展有关法律法规体系的建设及管理体系的建设工作。截止到 2001 年底，国家制定和完善了人口与计划生育法律 1 部，环境保护法律 6 部，自然资源管理法律 13 部，防灾减灾法律 3 部。国务院制

定了人口、资源、环境、灾害方面的行政规章 100 余部，为法律的实施提供
了一系列切实可行的制度。全国人大常委会专门成立了环境与资源保护委员
会，在法律起草、监督实施等方面发挥了重要作用。

1992 年，中国政府成立了由国家计划委员会和国家科学技术委员会牵头
的跨部门的制定《中国 21 世纪议程》领导小组及其办公室，随后还设立了具
体管理机构——中国 21 世纪议程管理中心，该中心在国家发展计划委员会和
国家科学技术部的领导下，按照领导小组的要求，承担制定与实施《中国 21
世纪议程》的日常管理工作。2000 年，制定《中国 21 世纪议程》领导小组更
名为全国推进可持续发展战略领导小组，由国家发展计划委员会担任组长，
科技部担任副组长。

2002 年，中国政府向可持续发展世界首脑会议提交了《中华人民共和国
可持续发展国家报告》，该报告全面总结了自 1992 年，特别是 1996 年以来，
中国政府实施可持续发展战略的总体情况和取得的成就，阐述了履行联合国
环境与发展大会有关文件的进展和中国今后实施可持续发展战略的构想，以
及中国对可持续发展若干国际问题的基本原则立场与看法。

综上所述，自 1992 年联合国环境与发展大会以来，中国积极有效地实施
了可持续发展战略，在中国可持续发展的各个领域都取得了突出的成就，特
别是在经济、社会全面发展和人民生活水平不断提高的同时，人口过快增长
的势头得到了控制，自然资源保护和生态系统管理得到加强，生态建设步伐
加快，部分城市和地区环境质量有所改善。

二、中国可持续发展重点领域的行动与成就

中国十分重视通过国家发展计划实施可持续发展战略。"九五"计划明
确提出可持续发展是中国推进现代化建设的重大战略，生态建设与环境保护
投资达到 3800×10^8 元，比上一个五年计划期间增长了 1.75 倍。"十五"计
划具体提出了可持续发展各领域的阶段目标，并专门编制和组织实施了生态
建设和环境保护重点专项规划，除此之外，在社会和经济的其他领域也都全
面地体现了可持续发展战略的要求。通过持续不断的努力，中国在可持续发

展重点领域取得了有目共睹的成就。

（一）人口、卫生与社会保障

中国政府坚持计划生育的基本国策，人口自然增长率由 1992 年的 11.60‰ 下降到 2000 年的 6.95‰。城乡居民收入持续增长，居民受教育程度和健康水平显著提高，医疗卫生服务体系不断健全。妇女与儿童事业取得明显进步，养老保险与医疗保障制度逐步完善。

（二）城镇化与人居环境

从 1992 年到 2000 年，城镇化水平由 27.6% 提高到 36.1%。通过加快城市基础设施建设，开展城市环境综合整治，提高了城乡居民的居住质量。

（三）区域发展与消除贫困

国家实施了"八七"扶贫攻坚计划，贫困人口从 1992 年的 8000×10^4 减少到 2000 年的 3000×10^4。20 世纪 90 年代以来，中国政府实施了区域经济协调发展的政策和西部大开发战略，使地区差异扩大的趋势有所缓解，地区产业结构得到调整。

（四）农业与农村发展

经过多年的努力，中国的粮食和其他农产品大幅度增长，由长期短缺到总量大体平衡、丰年有余，解决了中国人民的吃饭问题。政府大力提倡发展生态农业和节水农业，探索适合中国农村经济和农业生态环境协调发展的模式。

（五）工业可持续发展

积极转变工业污染防治战略，大力推行清洁生产，提高资源利用效率，减轻环境压力。加强了工业环境保护的执法力度，实行限期达标排放措施，强制淘汰技术落后和污染严重的生产装置。到 2000 年底，有污染的工业企业中 90% 实现了达标排放，工业废水排放量比 1995 年减少 1 / 3。积极利用高新技术提升传统产业，调整优化工业结构和产品结构，发展高新技术和新兴产业。1995～2000 年，中国环保产业年均增长率达 15％。

（六）生态环境建设与保护

制定了全国生态环境建设规划和全国生态环境保护纲要，并逐步纳入国民经济和社会发展计划予以实施。全国已建成了 20 个国家级园林城市、102 个生态农业示范县和 2000 多个生态农业示范点。大规模开展防治沙漠化工作，确定了 20 个重点县、建立了 9 个试验区和 22 个试验示范基地。加快重点区域水土流失治理，积极推广小流域综合治理经验，水土流失治理取得显著进展，全国累计新增治理水土流失面积 $81 \times 10^4 km^2$。自然保护区建设规模与管理质量显著提高，大部分具有典型性的生态系统与珍稀濒危物种得到有效保护。制定和实施了中国生物多样性行动计划与中国湿地保护行动计划。实施野生动植物保护、自然保护区建设工程和濒危物种拯救工程，使一些濒危物种得到人工或自然繁育。建立了农作物品种资源保存库，加快建立遗传资源库。

（七）能源开发与利用

重视节约能源，制定和实施了一系列节约能源的法规和技术经济政策，万元国内生产总值能耗由 1990 年的 5.32 吨标准煤降到 2000 年的 2.77 吨标准煤（1990 年价格水平）。积极调整能源结构，煤炭消费量在一次能源消费总量中所占比重由 1990 年的 76.2％降到 2000 年的 68％。推广洁净煤、煤炭清洁利用和综合利用技术，实施了清洁能源和清洁汽车行动计划。积极开发利用可再生能源和新能源。

（八）水资源保护与开发利用

积极合理地开发水资源，对河流实行统一管理和调度，建立健全水资源可持续利用与水污染控制的综合管理体制。全面推行节水灌溉，发展节水型产业，缓解水资源短缺的矛盾。开展了淮河、海河、辽河、太湖、滇池、巢湖等重点流域的水污染防治，加快建设城市污水处理厂，使水环境恶化趋势基本得到控制。在国家扶持下，贫困地区加强了小水电和农村小型、微型水利工程建设。

（九）土地资源管理与保护

通过划定基本农田保护区，使全国 83％左右的耕地得到有效保护。建立了耕地占用补偿制度，1997 年到 2000 年，全国通过开发、整理和复垦增加耕地 $164 \times 10^4 hm^2$，高于同期建设占用耕地数量，实现了占补平衡。推行荒山、荒地使用权制度改革，确立和完善土地管理社会监督机制。实施基本农田环境质量监测，大力推进农业化学物质污染防治技术，保护和改善农田环境质量。

（十）森林资源的管理与保护

制定了森林资源保护的法规和林业可持续发展的行动计划。加强森林资源的培育，实现了森林面积和蓄积量双增长。实施天然林资源保护、退耕还林、京津风沙源治理、三北和长江流域防护林体系、重点地区速生丰产林建设等林业重点生态体系建设工程。实施山区林业综合开发与消除贫困行动，促进贫困山区社会经济的可持续发展。

（十一）草原资源管理与保护

制定了草原法等法规，加强了草原资源的保护与管理。编制了全国草原生态保护建设规划，全国草原围栏面积达到 $15 \times 10^6 hm^2$，每年新增约 $2 \times 10^4 hm^2$。

（十二）海洋资源的管理与保护

制定和完善了海洋污染控制、生态保护、资源管理的法规体系。到 2000 年底，已建立海洋自然保护区 69 个，总面积 $13 \times 10^4 km^2$。进行了近岸海域环境功能区划，以及近海和大陆架的资源环境调查，海洋环境监测网络与海洋环境信息、预报服务系统得到加强。

（十三）固体废物管理

1991 至 2000 年，工业固体废物排放置下降了 69.2％，综合利用率提高了

15.1%。加快城市生活垃圾收集处理设施的建设，加强危险废物的管理。认真履行《巴塞尔公约》，严格控制危险废物的越境转移。

（十四）化学品无害环境管理

通过加大化工行业产业结构和产品结构的调整力度，减少了化学物质对环境的污染。加强汞、砷和铬盐等化学品无害环境管理，采取有效的安全防范措施，清除有毒化学品生产和储运中的隐患。认真履行和积极参与化学品国际公约的活动。

（十五）大气保护

划定二氧化硫和酸雨控制区，在区域内实行二氧化硫总量控制制度。通过推广洁净煤和清洁燃烧、烟气脱硫、除尘技术，以及大力发展城市燃气和集中供热，使酸雨和二氧化硫污染得到控制。优先发展公共交通，减少和控制机动车污染物排放，改善城市空气质量。认真履行《关于消耗臭氧层物质的蒙特利尔议定书》，控制和淘汰消耗臭氧层物质。

（十六）防灾减灾

开展防洪抗旱、防震减灾、地质灾害和生物灾害防治等综合减灾工程建设。建立和完善了全国灾害监测预警系统，提高了灾害监测和预报水平。开展了灾害保险，调动社会力量开展减灾援救活动，灾害损失明显减少。

（十七）发展科学技术和教育

政府大幅度增加对科技和教育的投入。围绕可持续发展的重大问题，实施了一批重大科研项目，为可持续发展提供了技术支撑。基本普及九年义务教育和基本扫除了青壮年文盲，全面推进教育改革，教育质量逐步提高。

（十八）信息化建设

已建成覆盖全国的公用电信网。通过实施政府上网工程，促进政府工作效率和决策水平的全面提高。加快可持续发展信息共享进程，促进了可持续发展能力的提高。

（十九）地方 21 世纪议程实施

全国 25 个省（区、市）成立了地方 21 世纪议程领导小组并设立了办事机构，半数以上的省（区、市）制定了地方 21 世纪议程和行动计划。在 16 个省市开展了实施《中国 21 世纪议程》地方试点，还建立了 100 多个可持续发展实验区。各地因地制宜，积极探索可持续发展模式。

（二十）公众参与可持续发展

各级政府通过广播、电视、报纸、刊物等媒体，全面宣传可持续发展思想，提高公众的可持续发展意识。有 270 多所高等院校新设置了环境保护院、系、学科。全国许多中小学开展了环境教育和创建"绿色学校"活动。在广大农村组织实施了跨世纪青年农民培训工程和"绿色证书工程"。中国各类社会团体对可持续发展战略持积极拥护的态度，妇女、科技界、少数民族、青少年、农民、工会和非政府组织积极参与可持续发展活动。据不完全统计，全国正式注册的环保非政府组织已超过 2000 个。